海鮮食用全指南

從海鮮挑選、烹調、食用安全

至營養，一一為你說明

總序

百川歸海，潮起潮落。千百年來，人們在不斷探求大海奧妙的同時，也盡享着來自海洋的饋贈——海鮮美食。道道海鮮不僅為人類奉獻上了味蕾的享受，也提供了豐富的營養與健康的保障，並在人類源遠流長的飲食文化長河中熠熠生輝。

作為人類生存的第二疆土，海洋中生物資源量大、物種多、可再生性強。相關統計顯示，目前全球水產品年總產量 1.7 億噸左右，而海洋每年約生產 1350 億噸有機碳，在不破壞生態平衡的情況下，每年可提供 30 億噸水產品，是人類生存可持續發展的重要保障。海鮮則是利用海洋水產品為原料烹飪而出的料理，其味道鮮美，含有優質蛋白、不飽和脂肪酸、牛磺酸等豐富的營養成分，是全球公認的理想食品。現代科學也證實了蠔（牡蠣）、扇貝、海參、海藻等眾多的海產品，除了用作美味佳餚外，也含有多種活性物質，可在人體代謝過程中發揮重要作用。早在公元前三世紀的《黃帝內經》中，便有着我們祖先以「烏賊骨做丸，飲以鮑魚汁治血枯」的記載；此外，在中國「藥食同源」傳統中醫理論的指導下，眾多具海洋特色的藥膳方、中藥複方等在千百年來人們的身體保健、疾病防治等方面起到了不可替代的作用，因而海產品始終備受眾多消費者青睞。

海洋生物豐富多樣，海鮮美食紛繁多彩。為幫助讀者瞭解海洋中豐富的食材種類，加強對海產品營養價值與食用安全的認識，發揚光大海洋飲食文化，由中國水産科學研究院黃海水産研究所周德慶研究員擔當，帶領多位相關專家及科普工作者共同編著了包括《大海的饋贈》、《海鮮食用全指南》（簡體版本名稱《海鮮食用寶典》）、《中華海洋美食》和《環球海味之旅》組成的「舌尖上的海洋」科普叢書。書中精美絕倫的插圖及通俗流暢的語言會使博大精深的海洋知識和富有趣味的海洋文化深深印入讀者的腦海。本套叢書將全面生動地介紹各種海鮮食材及相關飲食文化，是為讀者朋友們呈上的一道豐富的海洋飲食文化盛宴。

「舌尖上的海洋」科普叢書是不可多得的「海鮮食用指南」科普著作，相信它能夠帶你暢游海洋世界，悦享海鮮美味，領略海洋文化。很高興為其作序。

中國工程院院士

前言

海鮮不僅帶給人們獨特的美食體驗，還能為人們提供必需的營養素。大部分海鮮都有着高蛋白、低脂肪的特點。其蛋白質所含的氨基酸較全面，必需氨基酸齊全，且容易被消化吸收。海鮮中富含谷氨酸、天冬氨酸、甘氨酸、精氨酸等呈味氨基酸，正是這些氨基酸讓人們品味到鮮美的海洋風味。海鮮中含有的二十碳五烯酸（EPA）和二十二碳六烯酸（DHA，有「腦黃金」之稱）具有健腦益智、調節血脂和血壓等重要作用。此外，海鮮中還富含鉀、鈣、鈉、鎂、鐵、鋅等多種礦物質，對維持人體正常代謝起着重要作用。

隨着社會的進步，海鮮的消費與日俱增；海鮮食用的安全性問題也逐漸為大衆所關注。重金屬等污染

物在海洋生物中的聚集，海產品加工過程中食品添加劑的使用，水產品運輸過程中保鮮劑的添加，水產養殖過程中漁藥的使用……這些化學物質是否會威脅到人們的健康？不僅如此，自然界中的細菌、病毒和寄生蟲會通過怎樣的途徑在何種情況下進入到水生生物體內，對人體又有着怎樣的危害？人們在購買海鮮時如何能挑選到安全、新鮮的產品？這一個個問題是否也困擾着你？

《海鮮食用全指南》帶你品味精美的海味盛宴，汲取海鮮豐富的營養，遠離食用不當可能面臨的安全隱患。

目錄
CONTENTS

營養篇

安全篇

問答篇

術語篇

營養篇

魚、蝦、蟹、貝類、海藻等海鮮，不單豐富了人們的美食體驗，還帶來了必需的營養與能量。

話說海鮮營養

廣闊的藍色海洋裏，生活着魚、蝦、蟹、貝、藻等生物。當它們被帶上陸地後，人們對其的研究就不曾停止過……於是各式各樣的海鮮走進了人們生活，不僅帶來了必需的營養與能量，也豐富着人們的美食體驗。

說到海洋美食，人們總能如數家珍：「葱燒海參」湯汁濃郁、質感飽滿、圓潤輕彈；「清蒸鮮蠔」乳白滑嫩、汁濃味美；「香煎鱈魚」鮮嫩香滑、回味無窮；「松鼠黃魚」皮酥肉嫩、鮮酸醇甜；「涼拌海帶」酸辣爽口，生津開胃……隨着現代捕撈、運輸技術的發展，以及人們生活水平的提高，越來越多的海鮮走上百姓的餐桌。美味的背後，營養與能量滋養了人類，豐富了海鮮的內涵。

蛋白質是最基本的營養素，是人體生命活動的基礎。海鮮的一個重要特點是蛋白質含量高。以鮮重計，魚類含蛋白質 15% ～ 21%；螺、蛤、貝等軟體動物含量稍低，多為 6% ～ 18%；蝦、蟹含蛋白質 16% ～ 19%。蝦皮中的蛋白質可高達 30%。蛤貝類多被製成名貴的乾品，蛋白質含量高達 50% ～ 60%。海鮮中蛋白質所含的氨基酸較全面，必需氨基酸齊全，且易消化吸收（多數水產品蛋白質的消化率達 85% ～ 95%），特別適合兒童和體弱者食用。海鮮富含谷氨酸、天冬氨酸、甘氨酸、精氨酸等呈味氨基酸，正是這些氨基酸讓其鮮美無比。

多數海鮮脂肪含量較低，但不飽和脂肪酸含量高。其中 EPA 和 DHA 具有健腦益智、調節血脂和血壓等重要作用。

魚類和貝類中，脂溶性維他命 A、D、E 和水溶性維他命 B_1、B_2、B_6、B_{12} 等含量高，其中魚類含有的維他命 A 和維他命 D 主要存在於魚肝及魚卵中。

海鮮富含礦物質。魚類中礦物質含量佔 1% ～ 2%。乾製海藻中礦物質含量佔 5% ～ 50%。因而，海洋藻類有着「人類礦物質營養寶庫」的美名。水產品中鈣的含量較畜肉高，尤其是蝦皮，為人體補充鈣的良好來源。另外，海鮮中，魚類和藻類含有豐富的碘，可有效預防甲狀腺腫大。

值得一提的是，海鮮中還含有具有開發利用價值的活性物質，如海藻多醣、海參多醣、鮑魚多醣、海參皂苷、海膽蛋白、岩藻甾醇、龍蝦肌鹼、海兔素等。這些活性物質具有健腦益智、抗腫瘤、預防心腦血管疾病、調節血壓和血糖、抑菌、抗病毒、抗疲勞、美容護膚、抗衰老等功效。

營養篇讓你瞭解海鮮中豐富的營養成分，帶你體驗形形色色的海洋美食。

帶魚

有這樣一類魚，它們游動時如絲帶輕舞般曼妙多姿。它們頭尖口大，牙齒尖利。

它們生性兇猛，甚至同類相食。它們與我們的交集也僅僅是餐桌上的一隅，卻用生命詮釋着平凡和奇蹟。它們是帶魚。

帶魚，通常指帶魚科的物種，又叫刀魚、裙帶、肥帶等。全球有帶魚30餘種。中國四大海域均有帶魚分布，共10餘種，以東海、南海帶魚種類為多。帶魚體呈帶狀，表面光滑。帶魚背鰭由頭後部一直延伸到尾端，臀鰭多由分離的小棘組成，腹鰭和尾鰭退化或消失。帶魚游動時不用鰭划水，而是通過擺動身軀向上游進，游泳能力差。帶魚靜止時身體垂直，頭朝上，只靠背鰭與胸鰭的擺動維持平衡。帶魚在發現獵物時，背鰭急速震動，身體彎曲，如快鞭「急抽而出」，撲向獵物。曼妙如帶般的身形也掩蓋不住它們兇猛強悍的本性，細條天竺魚、磷蝦、糠蝦、竹莢魚均是它們的食物。

每100克帶魚肉主要營養成分	
蛋白質	17.7克
脂肪	4.9克
碳水化合物	3.1克
膽固醇	76毫克
視黃醇	92微克
硫胺素	0.02毫克
核黃素	0.06毫克
菸酸	2.8毫克
維他命E	0.82毫克
鈣	28毫克
磷	191毫克
鉀	280毫克
鈉	150.1毫克
鎂	43毫克
鐵	1.2毫克
鋅	0.7毫克
硒	36.57微克

注：參考楊月欣，王光正，潘興昌.中國食物成分表[M].2版.
北京：北京大學醫學出版社，2009

帶魚是人們經常食用的海洋魚類之一。

帶魚具有獨特的食療功效。據記載，帶魚味甘、性平，能補脾益氣，益血補虛，具有暖胃、養肝、潤膚的功效，特別適合體虛之人食用。

帶魚中還含有優質蛋白質、脂肪、磷、鈣、鎂、鐵等多種礦物質以及維他命 A、B_1、B_2 等。值得一提的是，儘管帶魚脂肪含量較高，但其脂肪構成與畜禽脂肪不同。帶魚脂肪酸中，DHA 和 EPA 等多不飽和脂肪酸含量高。DHA 可健腦益智、保健視力。EPA 俗稱「血管清道夫」，有着調節血壓和血脂的功效。另外，帶魚中豐富的鎂元素可有效保護心血管系統，對預防高血壓、心肌梗塞等疾病有一定功效。

帶魚銀白色的油脂層，稱為「銀脂」，含有多種不飽和脂肪酸、卵磷脂等。卵磷脂具有益智健腦的作用，在體內可轉化為神經細胞活動的重要介質。此外，有研究表明，帶魚銀脂中還含有一種名為 6– 硫代鳥嘌呤的天然抗癌物質。

美食體驗

帶魚營養豐富，肉質滑嫩，容易消化，是人們餐桌上的常客。帶魚易於加工，可與多種食材搭配，做法多樣，可清燉、油炸、清蒸或紅燒，如紅燒帶魚、糖醋帶魚、乾炸帶魚、清蒸帶魚、香煎帶魚、泡椒帶魚、酥燜帶魚等，亦可做煲仔菜，各色菜餚均有其獨特風味。

▲ 香煎帶魚

帶魚肉嫩體肥，但腥味較重。家常做法多配以葱、薑、蒜、酒以去其腥味。糖醋帶魚多將其切段入油炸至金黃；撈出帶魚後，放入葱、薑、蒜，爆香，之後放入炸好的帶魚稍微翻炒；以醋、料酒、生抽、白糖、生粉調汁，倒入鍋中，燜煮數分鐘。此菜汁濃爽口，質嫩鮮美。香煎帶魚多以生粉包裹魚身，置於翻滾

▲ 紅燒帶魚

的熱油中，鮮嫩的魚肉漸漸變熟。香煎帶魚外表金黃，內裏潔白；食在口中，魚肉嫩滑鮮香，油而不膩。清蒸帶魚多以薑調味，於熱鍋中蒸煮 10 多分鐘，打開鍋蓋，熱氣升騰，魚香四溢。將盤內蒸出的熱汁倒出，去掉薑片，鋪上葱絲，另起炒鍋，將花生油和少許醬油燒熱，淋灑在魚身上，一道鮮美的清蒸帶魚便大功告成。

帶魚挑選

看鰓：新鮮的帶魚鰓鮮紅。

看眼睛：新鮮的帶魚眼球凸起，潔淨明亮；如果眼球下陷，表面模糊，則說明帶魚不新鮮。

看魚體：新鮮帶魚呈灰白色或銀灰色；如果魚體呈黃色，則是體表油脂氧化的結果，說明帶魚不新鮮。看魚肚：新鮮帶魚腹部完整。如果腹部有破損或變軟，說明帶魚已經開始腐爛。

▲ 帶魚

帶魚去腥

帶魚中三甲胺和醇類化合物相對含量較高，是導致其味腥的主要物質。烹調時，要減少魚腥味可輔助紹興酒、葱、薑、蒜等佐料。

黃花魚

它們腹側金黃，燦若貼金；它們中氣十足，是魚類中聲音響亮的歌唱家。它們是黃花魚。

黃花魚，屬石首魚科。明代屠本畯《海味索隱》：「黃魚，謂之石首，腦中藏二白石子。」撥開黃花魚頭部，可見一對不規則耳石，石首魚之名因此而來。每年農曆五月是品嘗黃花魚最好的時節。有着入口即化極致口感的黃花魚，讓古往今來多少文人墨客陶醉，吟詩作對盛讚其美味。清代王蒔蕙的《黃花魚》一詩寫道:「瑣碎金鱗軟玉膏，冰缸滿載入關舫。女兒未受郎君聘，錯伴春筵媚老饕。」清代詩人邵嗣賢也讚道：「四月石首魚，出水如黃金。烹魚盤餐美，東南第一琛。」

黃花魚分為大黃魚和小黃魚，是傳統的經濟魚類，曾與帶魚和烏賊並稱為中國的四大海產。黃花魚通過發聲肌肉收縮帶動魚鰾振動，可以發出「咯咯」、「嗚嗚」的聲響，聲音之大在魚類中少見。

每 100 克黃花魚肉主要營養成分

	大黃魚	小黃魚
蛋白質	17.7 克	17.9 克
脂肪	2.5 克	3.0 克
碳水化合物	0.8 克	0.1 克
膽固醇	86 毫克	74 毫克
硫胺素	0.03 毫克	0.04 毫克
核黃素	0.10 毫克	0.04 毫克
菸酸	1.9 毫克	2.3 毫克
維他命 E	1.13 毫克	1.19 毫克
鈣	53 毫克	78 毫克
磷	174 毫克	188 毫克
鉀	260 毫克	228 毫克
鈉	120.3 毫克	103.0 毫克
鎂	39 毫克	28 毫克
鐵	0.7 毫克	0.9 毫克
鋅	0.58 毫克	0.94 毫克
硒	42.57 微克	55.20 微克

注：參考楊月欣，王光正，潘興昌 . 中國食物成分表 [M].2 版 .
北京：北京大學醫學出版社，2009

▲ 小黃魚

目前，市場上的大黃魚多為養殖的。

▲ 大黃魚

野生大黃魚與養殖大黃魚在營養組成方面存在一定的差異，野生大黃魚水分和蛋白質含量較高，而飼料養殖大黃魚脂肪含量較高。除此之外，野生大黃魚和養殖大黃魚在體型、體色、肉色和肉質方面也存在差異。但從作為食用魚的營養價值角度來看，兩者之間無區別。大黃魚和小黃魚氨基酸的構成均比較齊全，必需氨基酸佔總氨基酸的比例均約 43%，是優質的蛋白源。其中谷氨酸含量最高，這是鮮味氨基酸的一種，決定了魚肉的鮮美；此外，賴氨酸含量也很高，可以彌補穀物中賴氨酸的不足，提高人體對蛋白質的利用率。

養殖大黃魚至少含有 7 種不飽和脂肪酸，其中 EPA 和 DHA 的總量高於鯉魚、黃鱔等淡水魚類和梭魚等部分海水魚類。

養殖大黃魚中還含有大量的礦物質。礦物質是維持人體正常代謝必需的物質，在人體內無法自行合成。大黃魚中含有鉀、鈉、鈣、鎂等礦物質；且所含微量元素中，鋅的含量較高。

美食體驗

松鼠黃魚屬北京菜系，以黃花魚、芫茜為製作主料，烹飪技巧以油爆為主。將黃花魚鱗、鰓、鰭盡數去掉，以刀順脊椎骨片魚成兩半，再將兩半魚剞成麥穗花形，鮮嫩魚肉，絲絲成花。魚身塗上濕澱粉，浸入熱油，猛火烹炸。白色的魚絲伴着滋滋聲響漸成焦黃，鮮香氣息撲鼻。之後即可入盤，將料酒、醬油、雞湯、白糖、醋等調在一起，入油燒熱，下葱、薑、蒜末，煸炒後調成芡汁，澆在魚身上，兩相結合，鮮香四溢。此菜顏色醬黃，光滑油亮；魚身炸後刀花翻起，造型異常美觀；口感外酥裏嫩，醇鮮酸甜。

▲ 松鼠黃魚

雪菜黃魚是一道浙江寧波菜。選新鮮大黃魚，去鱗、去內臟，正、反兩面批柳葉花刀。雪菜梗切成細粒。雪菜梗與黃魚投入熱油中，翻滾騰躍。黃魚煎至略黃，澆上紹酒稍燜，倒入清水燒製。大黃魚肉嫩、味鮮、少骨，雪菜脆嫩爽口，倍受食客青睞。保健功能

▲ 雪菜黃花魚

古代藥學典籍中記載，黃魚味甘、性平，有明目、安神、益氣、健脾開胃等功效，尤其適合兒童、老人、久病體虛的人群食用。

黃花魚鰾切開晾乾後製成的黃花膠，以富有膠質而著名，其中含有高黏性的膠原蛋白和黏多醣，被認為具有滋陰添精、養血止血、潤肺健脾等功效。

黃花魚膽汁中含有膽酸、甘膽酸、牛磺膽酸及其鈉鹽等，是人造牛黃的原料，有清熱解毒、平肝降脂的作用。另外，在古代多部藥學典籍中，都記載黃花魚頭中的耳石能「主下石淋」。當然，其功效尚需現代醫學研究加以驗證。

如何辨別大黃魚和小黃魚？

大黃魚尾柄長（臀鰭的末端到尾椎骨最後一節或尾鰭基的水平長度）為尾柄高（尾柄最低處的高度）的 3 倍以上，小黃魚尾柄長為尾柄高的 2 ～ 3 倍。大黃魚鱗較小，側線上鱗（側線至背鰭前端的橫列磷）8 ～ 9 行；小黃魚鱗較大，側線上鱗 5 ～ 6 行。

▲ 真鯛魚肉

真鯛

它們通體嫣紅，被視作喜慶的象徵；它們以「加吉」為名，寄寓了人們對美好生活的憧憬。它們便是真鯛——魚中的吉祥使者。

真鯛，俗稱紅加吉、加吉魚、小紅鱗，是鯛科的一種。真鯛體側扁，側面觀呈長橢圓形；全身呈淡紅色，體側有漂亮的藍色斑點。真鯛主要分布在西北太平洋的溫暖水域，中國四大海域皆有其蹤影。

真鯛在 3 ～ 4 月繁殖。冬季真鯛為了繁殖大量進食，春季櫻花爛漫時，真鯛也如櫻花般嬌艷，這時捕獲的真鯛被稱為「櫻鯛」或者「花見鯛」。秋季，繁殖後的真鯛經過夏季的休養生息，更變得豐腴，此時捕獲的真鯛被稱為「紅葉鯛」。

每 100 克真鯛魚肉主要營養成分	
蛋白質	14.53 克
脂類	2.54 克
糖類	1.94 克
錳	0.021 毫克
鐵	0.159 毫克
銅	0.037 毫克
鋅	0.318 毫克
鈣	29.165 毫克
鎂	36.661 毫克
鈉	40.966 毫克
鉀	284.160 毫克
水分	78.25 克
灰分	1.53 克

注：參考張紋，蘇永全，王軍，等. 5 種常見養殖魚類肌肉營養成分分析 [J]. 海洋通報，2001，2（04）：26-31

真鯛蛋白質含量高，還含有脂肪、鈣、磷、鐵、硫胺素、核黃素、菸酸等營養成分，可以為人體補充必需的氨基酸、維他命及礦物質。

真鯛魚肉中至少含有 16 種脂肪酸，其中飽和脂肪酸 6 種，不飽和脂肪酸 10 種。真鯛脂肪酸中，油酸、棕櫚酸含量較高。日常飲食中，ω–6 多不飽和脂肪酸攝入較量多，而 ω–3 多不飽和脂肪酸攝入較少。真鯛魚肉中 ω–3 多不飽和脂肪酸的含量與 ω–6 多不飽和脂肪酸的含量的比值較高，因此經常食用真鯛可有效補充 ω–3 多不飽和脂肪酸。研究表明，真鯛中 DHA 含量要高於海參中 DHA 含量。另外，真鯛魚肉中含有 1.22% 的神經酸，神經酸具有修復受損大腦神經纖維的功能。

中醫認為，真鯛具有補胃養脾、清熱消炎、補氣活血、祛風、運食的功效，尤其適合食慾不振、消化不良、產後氣血虛弱者食用。

美食體驗

真鯛的吃法很多，既可以做成生魚片，也可以清蒸和紅燒。只要掌握好材料的搭配、時間和火候，真鯛便是美味佳餚。

▲ 真鯛生魚片

真鯛在日本料理中常被製成生魚片。真鯛魚肉顏色白皙，味道清淡。真鯛的魚皮尤為鮮美，但是魚皮的腥味影響了其作為生魚片的口味。因此做真鯛生魚片時，要先向魚皮澆熱水，再用冷水冷卻。這樣可以充分保留魚皮的鮮味，又能去掉其中的腥味。

真鯛的中式菜餚也豐富多樣，如紅燒真鯛、清蒸真鯛、香烤真鯛、香煎真鯛等。紅燒真鯛中加上五花肉，更增添了魚肉的香醇，濃郁入味。採用清蒸的方法則最好地保持了真鯛的自然鮮美，清新水嫩的真鯛魚肉讓人回味無窮。而在真鯛中加入牛肉、乾冬菇等食材一起燉湯，則別有一番風味。真鯛魚肉熬製的粥更是營養健康的特色美食，尤其適合食慾不振、消化不良的人群。香煎真鯛將魚肉烹炸得外香裏嫩，既保持了魚肉的鮮美，又別添酥香之味。

▲ 紅燒真鯛

「加吉魚」的來歷

真鯛又叫「加吉魚」。據說，漢武帝巡幸東萊郡，在船頭觀賞大海美景，忽然一條紅色的大魚蹦到了船上。魚為吉祥之物，漢武帝非常高興，並詢問此為何魚。大家面面相覷。太中大夫東方朔高聲說：「謂之加吉魚！」眾人非常詫異，齊聲高喊：「願聞其詳！」東方朔笑瞇瞇地說：「今天是皇上的生日，此為一吉；此魚自動現身，寓意豐年有餘，又為一吉；兩吉相加謂之加吉，此魚因此可稱加吉魚。」大家聽後齊聲叫好，漢武帝也拈鬚稱是，故而得名。

鯧魚

清代文人潘朗在《鯧魚》詩中寫道：「梅子酸時麥穗新，梅魚來後夢鯿陳。春盤滋味隨時好，笑煞何曾費餅銀。」每年小滿前後，梅子黃時，是鯧魚產卵繁殖季節，這時的鯧魚肥美鮮嫩，滋味絕佳。銀白、側扁、如鏡的鯧魚骨子裏透着倔強的野性。東海漁區有句諺語：「鯧魚好退勿退」。脾氣倔強的鯧魚不知進退，遇到漁網，只知拼命往裏鑽，難怪詩中寫道不曾「費餅銀」，即成了宴席上的美味。

鯧魚，又名鏡魚，屬鱸形目鯧科，在中國只有鯧屬的銀鯧、灰鯧、中國鯧、鐮鯧、北鯧、鏡鯧 6 種。在中國，鯧魚以南海和東海產量較高，黃海、渤海產量較低。鯧魚體側扁，魚鱗極小且易脫落；背部淡青色，腹部呈鮮亮的銀白色。它們喜歡棲息於沙或沙泥底質海域，以浮游生物等為食。成年鯧魚幾乎全身都是肉，骨刺少、肉味鮮美，頗受消費者喜愛。

每 100 克鯧魚肉主要營養成分			
	銀鯧	灰鯧	中國鯧
粗蛋白質	20.16 克	18.45 克	18.71 克
粗脂肪	4.90 克	6.12 克	2.31 克
水分	73.11 克	74.08 克	77.24 克
灰分	1.21 克	0.85 克	1.15 克

注：參考徐善良，王丹麗，徐繼林等 . 東海銀鯧（Pampusargenteus）、灰鯧（P.cinereus）和中國鯧（P.sinensis）肌肉主要營養成分分析與評價 [J]. 海洋與湖沼，2012，43（4）：775-782

科學家曾測定過幾種鯧魚的營養成分，其中東海銀鯧蛋白質含量約為20%，脂肪含量約為4.9%；灰鯧蛋白質含量約為18%，脂肪含量約為6.12%；中國鯧蛋白質含量約為19%，脂肪含量約為2.31%。由此可見，鯧魚具有明顯的高蛋白及適口性的特點，非常適合人們的營養需求。

食物中必需氨基酸含量越高，其營養價值也越高。經科學家檢測，銀鯧至少含有18種氨基酸，包括8種必需氨基酸。鯧魚中必需氨基酸佔氨基酸總量的40%以上。鯧魚中谷氨酸含量最高。谷氨酸是鮮味氨基酸的一種，且谷氨酸能在人體中與血氨結合形成對人體無害的谷氨酞胺，解除組織代謝過程中產生的氨毒害作用。谷氨酸還是參與腦組織生化代謝的重要氨基酸。此外，鯧魚中賴氨酸含量也很高。

人體內能夠合成飽和脂肪酸和單不飽和脂肪酸，但不能合成油酸、亞麻酸等維持肌體正常生長發育需要的多不飽和脂肪酸。鯧魚中不飽和脂肪酸含量高於飽和脂肪酸。有研究顯示，渤海產的銀鯧魚肉中DHA和EPA含量之和佔脂肪酸總量的8.5%左右。

美食體驗

「尾如燕翳，骨軟肉白，味美於諸魚」，這是古人對鯧魚的讚美。鯧魚的內臟很少，便於收拾；且鯧魚刺少、肉嫩，美味又營養。鯧魚的家常做法通常有清蒸、紅燒、香煎、醬烤等，風味多樣，各具特色。

▲ 清蒸鯧魚

紅燒鯧魚色澤鮮亮、汁濃味美，魚肉溫潤，肌理細膩，入口軟糯卻不失嚼勁，讓人回味。香煎鯧魚表皮焦黃，內裏白嫩，酥軟鮮香，油而不膩。清蒸鯧魚保存了魚肉原始的鮮美細嫩；刺破魚皮，魚肉雪白，用以點綴和調味的小葱青翠；夾肉入口，清淡溫和、唇齒留香。

▲ 香煎鯧魚

鯧魚名字的由來

在明朝彭大翼《山堂肆考・羽集》中記載：「鯧魚，一名昌侯魚，縮項扁身似魴而短鱗細色白生海中，以其與諸魚匹，如娼然，故名。」李時珍也在《本草綱目》中這樣說：「昌，美也，以味名。或雲：魚游於水，群魚隨之，食其涎沫，有類於娼，故名。」鯧魚性情溫和，游動時常常吸引小魚跟隨，小魚舔食其身上黏液，鯧魚也任由其便，好似娼妓身後追隨一群嫖客。古人對鯧魚習性觀察如此細緻，但這種強加比附自是出於想像，卻讓鯧魚蒙上了不白之冤。

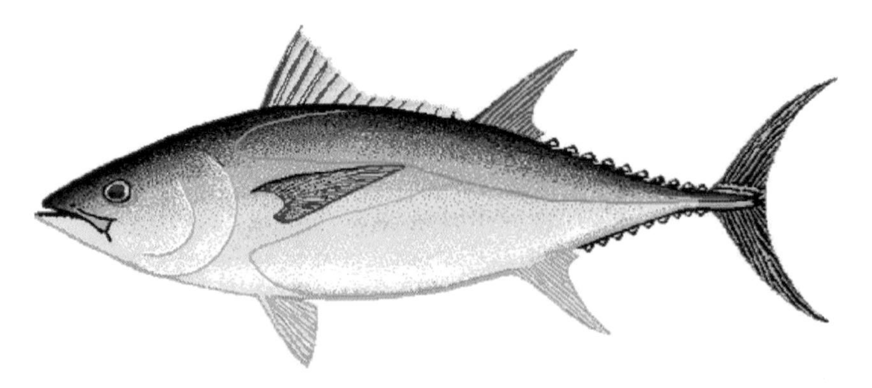

▲ 南方藍鰭金槍魚

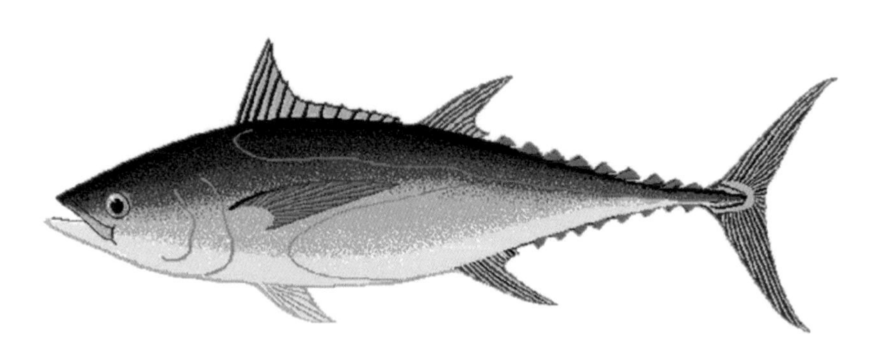

▲ 長鰭金槍魚

▲ 大西洋藍鰭金槍魚

▲ 黃鰭金槍魚

金槍魚

在藍色的海洋世界，有這樣一類魚，一刻也不停頓地游動着。它們有着獨特的體型構造、強勁的肌肉和旺盛的新陳代謝。它們是金槍魚。

金槍魚，又稱為鮪魚、吞拿魚，是大洋暖水性洄游魚類，主要分布在太平洋、大西洋、印度洋熱帶、亞熱帶和溫帶的廣闊水域。廣義上，鯖科中金槍魚屬、細鰹屬、舵鰹屬、鮪屬、鰹屬 5 個屬的魚都可稱為金槍魚。狹義上，金槍魚指的是金槍魚屬中的 8 個種：太平洋藍鰭金槍魚、大西洋藍鰭金槍魚、南方藍鰭金槍魚、黃鰭金槍魚、大眼金槍魚、長鰭金槍魚、黑鰭金槍魚、青干金槍魚。

金槍魚體若魚雷。其尾鰭呈新月形，尾柄兩側有棱脊。它脊柱兩側的肌肉強而有力，皮膚上分布着大量的血管網。金槍魚的鰓肌已經退化，只能依靠游進時水流經過鰓部而吸入氧氣。這種撞擊式的呼吸方式使金槍魚一刻也不能停歇。也正是因為從不停歇的運動，金槍魚的每一塊肌肉都得到充分的鍛煉。金槍魚肉似牛肉，呈紅色，其中含有豐富的肌紅蛋白，營養價值很高。

每 100 克金槍魚肉主要營養成分

	黃鰭金槍魚	藍鰭金槍魚
蛋白質	25.53 克	24.68 克
脂肪	1.07 克	0.98 克
DHA	25.34 毫克	24.1 毫克
EPA	6.32 毫克	5.45 毫克
鉀	493.08 毫克	485.01 毫克
鈉	85.6 毫克	82.9 毫克
鎂	29.06 毫克	32.01 毫克
鈣	3.80 毫克	3.59 毫克
鐵	1.01 毫克	0.92 毫克
鋅	0.28 毫克	0.12 毫克
銅	0.19 毫克	0.08 毫克
錳	0.05 毫克	0.04 毫克
磷	276 毫克	271 毫克
硒	0.081 毫克	0.076 毫克
水分	72.35 克	73.55 克
灰分	0.94 克	0.88

注：礦物質含量測量所取樣品為背部肌肉。參考楊金生，霍健聰，夏松養. 不同品種金槍魚營養成分的研究與分析[J]. 浙江海洋學院學報（自然科學版），2013，32(5)：393-397

金槍魚肉高蛋白、低脂肪、低熱量。以青干金槍魚為例，其中粗蛋白的含量約為 24%，蛋白質含量明顯高於雞蛋（約 13%），而粗脂肪的含量為 1% 左右，低於豬肌肉脂肪含量（約 6%）。金槍魚中，必需氨基酸的含量比非必需氨基酸的高。其中含量較高的賴氨酸有着改善神經系統、預防骨質疏鬆、增強免疫力的作用。另外，其含有豐富的蛋氨酸及胱氨酸，有助於保護肝臟，增強肝臟的排毒功能。同時，金槍魚富含DHA、EPA、牛磺酸等多不飽和脂肪酸。

金槍魚肉中還富含人體所需的鉀、鈉、鈣、鎂、磷、鐵等礦物質。鉀可以維持細胞膜通透性；磷對於人體體液滲透壓和酸鹼平衡也起到重要作用；鐵可有效預防缺鐵性貧血；鈣則是人體骨骼、牙齒的主要構成元素，是兒童成長必需的營養物質。富含礦物質的金槍魚肉搭配綠色蔬菜是絕佳的健康食品。

美食體驗

金槍魚深受日本、歐美人的喜愛，尤其是金槍魚刺身，漂亮的造型、新鮮的原料、柔嫩鮮美的口感輔以刺激性的調料，強烈地吸引着食客。

▲ 金槍魚刺身

金槍魚刺身一般採用大眼金槍魚肉和黃鰭金槍魚肉製成。將金槍魚肉切成大小均一的條或片，鋪在由蘿蔔絲、裙帶菜、生菜等拼盤上，新鮮的蔬菜簇擁着亮紅的生魚片，極為鮮亮雅致。

金槍魚刺身的佐料有醬油、山葵泥，還有醋、薑末等。稍帶刺激性的調味品配合爽滑鮮嫩的生魚片，征服了人們的味蕾。裝生魚片的器皿多為淺盤，有漆器、瓷器或竹編等，有方形、船形、五角形等，菜餚造型以山川、船島為圖案，極為精緻。因而品嘗金槍魚刺身既是一場味覺盛宴，也是一種視覺享受。

▲ 金槍魚壽司

金槍魚在西餐和日式料理中多見，生吃是經典的食用法，但也有中式菜餚，如糖醋金槍魚球、燕麥金槍魚粥、茄汁金槍魚、香酥金槍魚排等。營養豐富的金槍魚肉搭配中式烹製方法，越來越受中國大眾喜愛。柔嫩鮮美的魚肉，可煎、可炸、可炒、可蒸，在油與火的催生下變為一道道美食，給人們帶來獨特的味覺體驗。

▶ 金槍魚肉

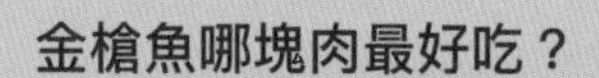

金槍魚哪塊肉最好吃？

金槍魚刺身的價格存在很大的差異，這與金槍魚的品種和所取部位有很大關係。金槍魚和牛肉一樣，不同的部位口感不同。提到金槍魚刺身，就不得不提金槍魚刺身三兄弟——大脂 (Otoro)、中脂 (Chutoro) 和赤身 (Akami)。大脂分為霜降和蛇腹，主要是指金槍魚的前腹部和中腹部，脂肪含量最高，口感滑潤，脂香濃郁，價格較高。中脂主要分布在金槍魚的後腹部和背部，含有適量的脂肪，口感鮮嫩，性價比高。赤身主要分布在圍繞脊骨的部分，其脂肪含量最少，蛋白質含量最高。

▲ 烤石斑魚

石斑魚

▲ 龍膽石斑魚

▲ 玳瑁石斑魚

它們棲息於海洋岩礁、珊瑚礁區，喜暖怕冷，喜靜怕浪，喜清怕濁；它們大多體態豐腴，「衣衫」華美，雍容華貴，宛若海洋世界的「貴族」；它們又像海洋世界的刺客，兇猛異常，常以突襲的方式捕食小海魚。它們便是海中貴族——石斑魚。

石斑魚，俗稱黑貓魚，屬鱸形目石斑魚亞科。石斑魚種類繁多，較為知名的就有豹紋鰓棘鱸（東星斑）、駝背鱸（老鼠斑）、褐點石斑魚（老虎斑）、黑斑石斑魚（金錢龍躉）、鞍帶石斑魚（花尾龍躉、龍膽石斑魚）等。石斑魚是一類兇猛的食肉性魚類，口大、牙尖。其體常呈褐色或紅色，多具條紋和斑點，故此得名。

每 100 克石斑魚肉主要營養成分			
	赤點石斑魚	青石斑魚	點帶石斑魚
粗蛋白	19.15 克	21.76 克	20.21 克
粗脂肪	4.27 克	3.62 克	3.49 克
水分	73.27 克	74.13 克	74.94 克
粗灰分	1.33 克	1.33 克	1.41 克

注：參考林建斌，陳度煌，朱慶國等. 3 種石斑魚肌肉營養成分比較初探 [J]. 福建農業學報，2010，25（5）：548-553

石斑魚營養豐富。有研究表明，青石斑魚和點帶石斑魚中粗蛋白含量高於中華烏塘鱧、暗紋東方豚、斑鱖、鯉魚、鯽魚、草魚、鱅魚。

石斑魚還含有至少 18 種氨基酸。研究表明，點帶石斑魚中，必需氨基酸約佔總氨基酸的 41%。點帶石斑魚中谷氨酸、天冬氨酸和賴氨酸含量較高，胱氨酸含量最低。研究稱石斑魚中賴氨酸含量高於雞蛋蛋白。賴氨酸是人乳中第一限制性氨基酸，而石斑魚是優質的催乳食材。石斑魚中鮮味氨基酸含量高，決定了石斑魚味道的鮮美。

石斑魚還含有至少 13 種脂肪酸，其中亞麻酸、亞油酸等不飽和脂肪酸含量高，具有降血脂、降血壓、抗腫瘤和免疫調節的作用。有研究表明，點帶石斑魚中 DHA 和 EPA 約佔脂肪酸總量的 22%，利於改善大腦功能和心血管健康。

因為石斑魚經常捕食魚、蝦，其體內含有豐富的蝦青素，這是一種超強的天然抗氧化劑，可以達到延緩器官和組織衰老的功能；而且石斑魚皮含有豐富的膠原蛋白，因而，石斑魚有着「美容護膚之魚」的稱號。

▲ 斑點九棘鱸

▲ 老鼠斑

▲ 尾紋九棘鱸

▲ 紅點石斑魚

美食體驗

石斑魚具有肉細嫩厚實、無肌間刺、味道鮮美、營養豐富的特點，常用燒、爆、清蒸、燉湯等方法成菜，也可製肉丸、肉餡等。

清蒸石斑魚是一道家常菜餚。清蒸可以較好地保持石斑魚肉的滑嫩鮮美。選用新鮮的石斑魚，洗淨，去內臟。將葱切段拍破，薑去皮切片，鋪在魚身上，並淋上少許米酒，略帶刺激味的輔料加上易揮發的米酒，在蒸鍋高溫的催生下，激發出魚肉的鮮香柔嫩。大火蒸 15 分鐘後，魚香四溢，讓人垂涎欲滴。取出裝盤，另切葱、薑、紅辣椒成絲鋪置於魚身上，濃鮮之外另添色彩。最後將蠔油、醬油、砂糖置於炒鍋翻炒，淋灑在魚身上，鮮嫩的石斑魚裹着鹹香醬汁，讓人垂涎三尺。

▲ 清蒸石斑魚

河豚

▲ 紅鰭東方豚

河豚俗稱「雞泡魚」，它們憨態可掬，為了防禦捕食者，會將肚子鼓得圓滾滾的，讓人忍俊不禁。它們牙齒鋒利，可以將六號鐵絲咬斷。它們有着「水族之奇味」的美譽，卻又身帶劇毒，讓多少貪吃者命喪其手……它們便是家喻戶曉的河豚。

河豚，屬豚形目，通常包括魨亞目魨總科中的魨科和刺魨科，以及鱗魨亞目箱魨總科的種類；大部分生活在海中，有些種類定居於淡水或在一定季節進入江河。在中國，較常見的河豚有紅鰭東方豚、暗紋東方豚。

河豚受到威脅時，能夠迅速將空氣或水吸入具有彈性的胃中，使身體在短時間內膨脹成球狀，藉以自衛。河豚體內的有毒成分是河豚毒素，它是一種神經毒素，其毒力相當於氰化鈉的 1,250 倍。河豚毒素耐熱，鹽醃、日曬亦均不能將其破壞。研究表明，河豚的卵巢、肝臟、血中毒素含量較高。河豚毒素的含量因種類、臟器不同而異外，同一品種也因個體大小、性別、季節、地理環境的不同而有很大差別。人工養殖的紅鰭東方豚和暗紋東方豚幾乎沒有毒性或毒性很弱，從 2016 年開始准入市場。

每 100 克暗紋東方豚可食部分主要營養成分

	肉	肝臟	皮
粗蛋白	19.43 克	3.17 克	21.76 克
粗脂肪	0.17 克	73.68 克	0.29 克
鉀	221.2 毫克	103.0 毫克	103.0 毫克
鈉	27.8 毫克	50.1 毫克	127.8 毫克
鎂	24.5 毫克	7.3 毫克	9.7 毫克
鈣	19.1 毫克	15.3 毫克	299.5 毫克
鋅	0.53 毫克	5.17 毫克	1.851 毫克
鐵	0.572 毫克	1.35 毫克	0.548 毫克
水分	78.09 克	23.00 克	76.59 克
灰分	1.26 克	0.04 克	1.25 克

注：參考孫阿君，金武，聞海波等 . 暗紋東方豚主要可食部分營養成分比較及品質評價 [J]. 長江大學學報，2013，10（23）：50-54

▲ 弓斑東方豚

▲ 黃鰭東方豚

河豚肉潔白如霜，蛋白質含量較高。暗紋東方豚、弓斑東方豚、黃鰭東方豚肌肉蛋白質含量與鱖魚、對蝦、銀魚、河蟹和鮮貝相當或更高，肌肉所含能量比對蝦、鮮貝、銀魚高。棕斑腹刺豚肌肉蛋白質含量高於瘦肉和雞蛋。

河豚肌肉中氨基酸種類齊全，配比合理。紅鰭東方豚肌肉所含氨基酸中，牛磺酸含量最高，甘氨酸、賴氨酸和丙氨酸次之。棕斑腹刺豚中人體必需氨基酸約佔氨基酸總量的 44%。甘氨酸、谷氨酸、丙氨酸、精氨酸、天冬氨酸 5 種鮮味氨基酸的含量共約佔氨基酸總量的 45%，這是河豚味道鮮美的原因。

牛磺酸能夠促進大腦發育，改善神經傳導、視覺和內分泌機能，增強人體免疫力，同時可以促進膽汁酸的腸肝循環，控制血液中的膽固醇水平。

此外，河豚中還含有豐富的礦物質，且野生和養殖的紅鰭東方豚間無顯著差異。棕斑腹刺豚所含的常量元素中，鉀含量最高，其次為鈉、鎂、鈣；所含的微量元素中，鋅含量最高，其次為鐵、錳。暗紋東方豚含量最高的常量元素是鉀，其次是磷、鈉、鎂、鈣。暗紋東方豚鈣的含量高於鱖魚、中國明對蝦，磷的含量高於鱖魚。

▲ 暗紋東方豚

有研究人員專門對暗紋東方豚可食部分的營養價值進行了比較。皮中蛋白質含量高於肌肉；肌肉中必需氨基酸約佔總氨基酸的 42%。脂肪含量皮亦高於肌肉；不飽和脂肪酸與脂肪酸的比值皮為0.64，肌肉為0.63，二者差別不明顯。

值得一提的是，河豚皮中還含有豐富的膠原蛋白，具有作為提取膠原蛋白的新型生物材料的巨大潛力。

▲ 河豚皮菜餚

活性物質

河豚毒素具有止痛作用，可製成強鎮痛劑，其效果比常用麻醉藥可卡因強很多。它對疥疹、氣喘、百日咳、胃痙攣、遺尿、陽痿等疾病，也均有一定療效。

有研究表明，河豚 I 型膠原蛋白提取物能夠抑制胃泌素和胃酸分泌，促進胃黏膜醣蛋白分泌，保護胃黏膜。

此外，雄性河豚精巢約佔活體重的 7%。從成熟精子細胞核中提取的魚精蛋白是一種多聚陽離子肽類，具有廣譜抗菌活性，可作為天然防腐劑。同時，魚精蛋白具有止血作用，不僅可以用於治療肺咯血、重症肝炎引起的大出血，還可與抗凝血藥肝素的硫酸基結合，使肝素很快失去抗凝活性，在醫學上具有很好的開發價值。

美食體驗

▲ 河豚砂鍋

▲ 河豚白子

自古就有「拼死吃河豚」的說法。河豚砂鍋、中式紅燒河豚、炸河豚、白燒河豚、河豚刺身……每一道菜都讓人垂涎三尺。為避免食用中毒，河豚的加工處理程序極為嚴格。首先從頭部和背部交界處下刀切斷脊椎骨，割斷主動脈進行放血，然後順次切下魚鰭、魚嘴、魚眼、魚鰓和剝離內臟。對於剩下的可食部分，還要清除黏膜、殘留的內臟，用流水徹底洗淨黏液、血液等。獲准烹製河豚的廚師必須熟悉河豚的含毒情況，應有專用的刀具，依照嚴格的步驟，實施精準的操作……在日本，河豚廚師資格的獲得需要付出極大的努力，當然回報也是極其豐厚的。

河豚料理中最具品位的當是河豚刺身了。河豚肉要採用薄切的手法，這很考驗廚師的刀工。切成的刺身片薄如蟬翼、潔白如玉，拼盤也極為精緻。若隱若現的托盤圖案與美妙的刺身拼圖相映成趣，儼然是一件藝術品。河豚肉脂肪含量很低，食之清新，咀嚼起來韌性十足。河豚還有多種吃法。例如，河豚皮可與蔬菜、菌類一起慢慢熬煮，冷凍後製成河豚皮凍，晶瑩剔透，爽滑可口，是難得的開胃小菜。河豚肉也可與各色蔬菜、菌類一起搭配製作河豚砂鍋。有了河豚肉的「加持」，砂鍋湯汁也變得異常濃稠鮮美。

雄性河豚的精巢被稱為「白子」，又名「西施乳」，其口感與動物的脊髓相似，適合生食或碳烤；也可用於泡酒，製成「白子酒」，有滋補的功效。

▲ 河豚刺身

比目魚

《爾雅・釋地》曰：「東方有比目焉，不比不行。」又有唐詩曰：「得成比目何辭死，願作鴛鴦不羨仙。」比目魚，被視為「海底鴛鴦」，寄託着人們對美好愛情的憧憬。

比目魚，屬鰈形目。鰈形目魚類全球共有 678 種，中國有 149 種，其中很多是重要的經濟魚類。比目魚大都在較淺的溫暖海域營底棲息生活，其顯著特點是身體扁平，成魚左、右兩側不對稱，兩眼位於頭部同一側且有眼側朝上。有眼側的顏色與周圍環境配合得很好，因而比目魚有「變色龍」之稱；而它們身體的朝下一側多為白色。兩眼的位置是區分鮃與鰈、鰨與舌鰨的特徵，有口訣曰：「左鮃右鰈，左舌鰨右鰨。」比目魚中，我們常食用的有大菱鮃、牙鮃、半滑舌鰨等；而這其中又以大菱鮃——也就是我們常說的多寶魚最為有名。

每 100 克比目魚可食部分主要營養成分

	舌鰨	鮃	鰈
蛋白質	17.7 克	20.8 克	21.1 克
脂肪	1.4 克	3.2 克	2.3 克
膽固醇	82 毫克	81 毫克	73 毫克
硫胺素	0.03 毫克	0.11 毫克	0.03 毫克
核黃素	0.05 毫克	—	0.04 毫克
菸酸	2.1 毫克	4.5 毫克	1.5 毫克
維他命 E	0.64 毫克	0.50 毫克	2.35 毫克
鈣	57 毫克	55 毫克	107 毫克
磷	168 毫克	178 毫克	135 毫克
鉀	309 毫克	317 毫克	264 毫克
鈉	138.8 毫克	66.7 毫克	150.4 毫克
鎂	27 毫克	55 毫克	32 毫克
鐵	1.5 毫克	1.0 毫克	0.4 毫克
鋅	0.05 毫克	0.53 毫克	0.92 毫克
硒	34.63 微克	36.97 微克	29.45 微克

注：參考楊月欣，王光正，潘興昌 . 中國食物成分表 [M].2 版 . 北京：北京大學醫學出版社，2009

比目魚蛋白質含量高，氨基酸種類齊全，還含有多種脂肪酸、維他命及礦物質。

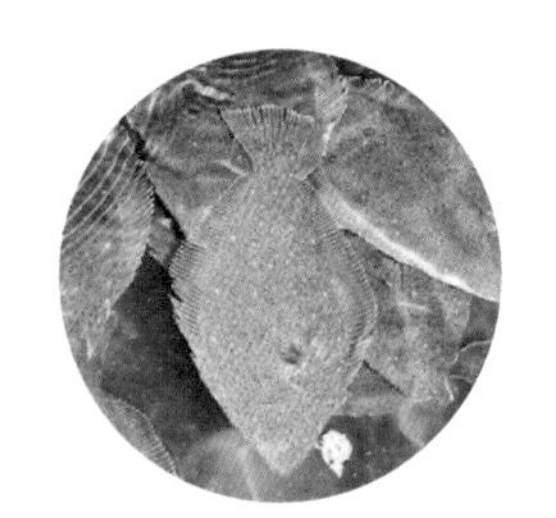
▲ 牙鮃

大菱鮃魚肉中必需氨基酸約佔氨基酸總量的42%，鮮味氨基酸約佔氨基酸總量的 40%；谷氨酸含量最高，佔氨基酸總量的 13% 以上。除了谷氨酸外，大菱鮃中含量較高的氨基酸依次為纈氨酸、天冬氨酸、甘氨酸、賴氨酸、亮氨酸、精氨酸。大菱鮃脂肪酸中，不飽和脂肪酸約佔64%。另有研究表明，大菱鮃中 DHA 和 EPA 的總量高於牙鮃和半滑舌鰨。此外，大菱鮃中富含鈣、鎂、鐵、鋅、硒等礦物質。有研究對大菱鮃和牙鮃的營養成分進行比較，發現大菱鮃氨基酸總量高於牙鮃；必需氨基酸的含量低於牙鮃；DHA 含量高於牙鮃。

▲ 星突江鰈

▲ 舌鰨

美食體驗

比目魚內臟團較小，出肉率高。其肉豐厚白嫩，骨刺少，味道鮮美，為人們所喜愛，大菱鮃更是深受追捧。

「多寶魚」一名蘊含着「多寶多福」之意。其魚體近似圓形，且看起來緊緻飽滿，故作為「全魚」上席又有着「團圓」、「圓滿」的寓意。大菱鮃魚肉細嫩潔白，口感軟潤爽滑，味道鮮美香醇，素有「海中雛雞」之稱。大菱鮃適合清蒸、紅燒、爆炒、鹽焗、碳烤、香煎、油炸、燉湯。不同的烹飪方式，帶來完全不同的美食體驗，而其中最有代表性的就是「清蒸

▲ 大菱鮃

多寶魚」了。清蒸多寶魚做法簡單，省時省力，而且保持了多寶魚的鮮味和營養。將魚清蒸後佐以醬料，調料的鹹味更襯托出其特有的鮮味。煎烤大菱鮃也別有風味。大菱鮃煎烤之後，焦黃酥嫩，豐腴濃香，讓人讚不絕口。

▲ 油煎比目魚

▲ 清蒸多寶魚

多寶魚和雷霽霖院士

多寶魚並不是中國土生土長的魚類。真正將多寶魚帶上中國人民餐桌的，是「多寶魚之父」——雷霽霖院士。

1992 年，中國從英國引進了 200 多尾多寶魚魚苗，想將其培育成北方工廠化養殖的主要對象。但是當時多寶魚養育技術是英國的專利，購買這個專利的價錢對當時的中國來說是個天文數字。於是，雷院士毅然決定依靠自身實力攻克難關。

但是研究過程並不順利。雷院士查遍了當時所有有關多寶魚的文章，想解決多寶魚的產卵難題，卻一無所獲；他第一次培養多寶魚，到了三四天，所有的魚幾乎都死了……面對一次又一次的失敗，雷院士卻從未放棄。他夜以繼日地去觀察、去思考，常常在顯微鏡前一待就是一天。最終，經過反復試驗，七年磨一劍，中國多寶魚的育苗水平達到了國際先進水平。

後來，他將來之不易的多寶魚研究成果無私公開，並且幫助企業擴大生產。很多人不理解，但雷老認為養魚的工業化才是他要追求的，要把魚類養殖儘快轉變成為生產力。這足見其高風亮節。

鱈魚

它們多棲息在高緯度寒冷水域，曾引發冰島和英國的 3 次海洋戰爭。它們就是「冰海之皇」——鱈魚。

鱈魚，泛指鱈科魚類。純正的鱈魚指鱈屬魚類：太平洋鱈、大西洋鱈、格陵蘭鱈，中國僅有太平洋鱈 1 種。鱈魚體長、側扁，頭、口大，具有 3 個背鰭、2 個臀鰭，還長着 1 條頦鬚。鱈魚是深海魚類，肉質厚實，細刺極少。

真假「鱈魚」

市場上銷售的很多「鱈魚」其實並非真正的鱈魚，如鱈形目鱈科狹鱈屬的黃線狹鱈（明太魚）、鱈形目無鬚鱈科魚類（白鱈）、鰈形目的狹鱗庸鰈（扁鱈）、鮋形目黑鮋科裸蓋魚屬的裸蓋魚（銀鱈、黑鱈和藍鱈），以及異鱗蛇鯖和棘鱗蛇鯖（油魚）。其中，狹鱗庸鰈和裸蓋魚無論在營養價值、口感和價格上，都不比真正的鱈魚遜色。不過市場上，鱈魚的主要「替身」是最後這兩種價格便宜得多的油魚。油魚生活在溫帶和熱帶海洋中，魚肉組成和真正的鱈魚有着很大差別。油魚肉中含有 20% 的油脂，其中又以一種人體難以消化的「蠟酯」為多。不少人食用油魚，會出現腹瀉、腹痛、嘔吐的症狀。真正的鱈魚肉為雪白色，色淺鮮亮，口感細膩，價格較高；油魚肉則暗淡，口感較粗、更為油膩，而且價格便宜。

每 100 克狹鱈可食部分主要營養成分	
蛋白質	20.4 克
脂肪	0.5 克
碳水化合物	0.5 克
膽固醇	114 毫克
視黃醇	14 微克
硫胺素	0.04 毫克
核黃素	0.13 毫克
菸酸	32.7 毫克
鈣	42 毫克
磷	232 毫克
鉀	321 毫克
鈉	130.3 毫克
鎂	84 毫克
鐵	0.5 毫克
鋅	0.86 毫克
硒	24.80 微克

注：參考楊月欣，王光正，潘興昌 . 中國食物成分表 [M].2 版 . 北京：北京大學醫學出版社，2009

鱈魚營養價值高，有着「餐桌上的營養師」、「液體黃金」之美譽。

鱈魚肉中蛋白質比三文魚、鯧魚都高，而鱈魚肉中脂肪含量只有0.5%，遠低於三文魚、鯧魚，是理想的減肥瘦身食品。每100克鱈魚肉含有鎂84毫克。豐富的鎂元素可以預防高血壓、心肌梗塞等疾病，有益於人體心血管系統健康。

▲ 鱈魚肉

鱈魚肝可用於提取魚肝油，其中含有豐富的維他命A、維他命D。鱈魚肝油製成的藥膏可起到活血、祛瘀、止痛的功效。

鱈魚骨中還含有豐富的鈣。運用現代生物技術可以利用鱈魚骨製備活性鈣。活性鈣易於溶解，人體吸收率和儲留率都較高。有研究顯示，從鱈魚骨中製備的活性鈣可有效增加骨鈣含量，促進骨生長，提高骨密度，防止骨質疏鬆。

鱈魚卵中也含有豐富的營養元素。有研究顯示，太平洋鱈魚卵粗蛋白含量高於刺參；粗脂肪含量高於中華鱉、刺參、黃鱔，低於雞蛋和帶魚。太平洋鱈魚卵磷脂含量遠高於大豆和蛋黃。太平洋鱈魚卵至少含有18種脂肪酸，其中不飽和脂肪酸有12種；EPA含量約為10%，DHA含量約為31%，高於大黃魚卵和鱘魚卵中EPA和DHA的含量。太平洋鱈魚卵至少含有17種氨基酸，必需氨基酸約佔總氨基酸的43%。太平洋鱈所含有的氨基酸中谷氨酸含量最高，所含有的必需氨基酸中亮氨酸含量最高。此外，鱈魚卵中還含有鈉、鉀、鈣、鎂、硒、鋅等。

美食體驗

香煎鱈魚廣受歡迎。這道菜的做法其實很簡單：在碗中倒入牛奶，打入雞蛋，攪拌均勻；在另一個碗中混合好麵粉、鹽、胡椒與芫茜；將鱈魚排兩面均勻沾上蛋汁，再裹上薄薄的一層麵粉；隨後將鱈魚逐片放入油

▲ 香煎鱈魚

鍋，兩面均煎炸至淡黃色即可。香煎鱈魚面皮金黃香酥，魚肉雪白鮮嫩，再配上經典的意大利醬汁，令人回味無窮。

鱈魚除了煎炸之外還可製成生魚片，蘸調味汁食用；此外還可製成魚肉罐頭，醃製或燻製魚乾等。鱈魚的家常做法亦有很多，紅燒、清蒸、燉湯均可。「鱈魚蔬菜丸」是一種健康美味而又簡便易做的家常菜餚。選用新鮮的鱈魚肉，配以豬肉、蔬菜，用攪拌機打成泥，將鱈魚泥加入生粉調和，最後用手將肉泥捏成丸子。鱈魚丸放入沸水中漸漸煮熟。盛入盤中，顆顆魚丸飽滿緊致，香滑可口，非常適合兒童食用。

▲ 鱈魚蔬菜丸

▲ 鱈魚乾

鱈魚戰爭

中世紀歐洲天主教戒律森嚴，規定在一些重要的日子人們必需齋戒，只能吃冷食。因為魚從水中打撈上來，算是「冷食」，成了能在齋戒日走上歐洲人餐桌的唯一肉類。魚肉容易腐敗，於是醃製、風乾的魚乾充斥了當時歐洲菜市場，其中絕大多數是鱈魚。鱈魚貿易為位於法國和西班牙交界處的巴斯克人所壟斷，巴斯克人從中獲得了巨大利益。1946 年，英格蘭人發現今紐芬蘭附近海域的鱈魚數量龐大。巴斯克人對歐洲鱈魚市場的壟斷就此終結，鱈魚開始在殖民貿易中扮演重要角色。紐芬蘭漁業基地的鱈魚製品被源源不斷地輸送到歐洲，鱈魚乾還被北美洲的人們運到西非，用以交換奴隸。到了 20 世紀，隨着捕撈技術越來越先進，鱈魚數量急劇減少，包括英國在內許多國家將捕撈漁船開到了當時嚴重依賴捕鱈業的冰島。為了保護本國人民賴以生存的漁業資源，冰島不斷修改本國專屬漁區，這激怒了英國人。「鱈魚戰爭」就此爆發，並從 20 世紀 50 年代延續到了 20 世紀 70 年代。最終在北約調停下，大不列顛向小小的冰島屈服，並接受了其主張的 200 海里海洋專屬區主張。這一主張被寫入《聯合國海洋法公約》，鱈魚改變了整個世界的海洋「遊戲規則」。

三文魚

提到三文魚，我們往往想到那逆流而上、穿越瀑布、躍過堰壩的壯觀的魚群，不禁讚嘆牠們的勇敢與堅忍；還會想到紅白相間的魚生，那唇齒留香的美味……

三文魚，是西餐中較為常見的食材之一。三文魚是 salmon 的音譯，是鮭、鱒魚類的總稱，在不同國家，涵蓋的種類不同。挪威三文魚指養殖的大西洋鮭；芬蘭三文魚多指養殖的虹鱒；而美國三文魚一般為阿拉斯加鮭。中國有 5 種鮭魚，產於東北黑龍江、圖們江、鴨綠江等流域。

每 100 克大西洋鮭魚肉主要營養成分	
粗蛋白	21.66 克
粗脂肪	7.37 克
鎂	14.9 毫克
鈣	29.26 毫克
鐵	0.18 毫克
鋅	0.29 毫克
水分	69.01 克
灰分	1.88 克

注：參考鄧林，李華，江建軍．挪威三文魚的營養評價[J]．營養與保健，2012，33（8）：377-379；李華，鄧林．大西洋鮭肌肉中 9 種礦物質元素含量的測定及營養評價[J]．食品與機械，2012，28（1）：62-64

▲ 煙燻三文魚搭配麵包片

▲ 由菠菜、煙燻三文魚和芝士做成的菠菜卷

三文魚的營養價值高。與一般淡水魚相比，三文魚在營養上有四大特點。一是蛋白質等主要營養成分含量高。以虹鱒和大衆熟悉的鯉魚作比較，虹鱒的蛋白質和脂肪含量比鯉魚分別高 13.35% 和 41.76%；維他命 A、D、B_{12} 及 B_6 的含量也要高很多。二是含有一般淡水魚所沒有或含量很少的 DHA 和 EPA。目前中國飼養的普通淡水魚中，只有鯉魚、鯽魚、鱅魚含有一定量的 DHA。100 克鯉魚肉中含有 288 毫克 DHA、159 毫克 EPA，而同樣重量的虹鱒魚肉中含有 983 毫克 DHA、247 毫克 EPA。三是膽固醇含量低。四是氨基酸種類豐富，味道更為鮮美。以大西洋鮭魚肉為例，其至少含有 18 種氨基酸，其中 8 種是人體必需氨基酸。必需氨基酸和鮮味氨基酸均約佔氨基酸總量的 43%。谷氨酸的含量最高，其次是天門冬氨酸、賴氨酸、亮氨酸和丙氨酸。另外，大西洋鮭魚肉中含有多種對人體有重要生理功能的礦物質。每克大西洋鮭魚肉中，含有鈣 292.6 微克、鐵 1.8 微克、鋅 2.9 微克、鎂 149.2 微克。

值得一提的是，三文魚無肌間刺，適合老人和小孩食用。三文魚中，鎘、鉛、鉻、銅等重金屬含量均低於國家標準中對有害物質的安全限量，可以放心食用。

活性物質

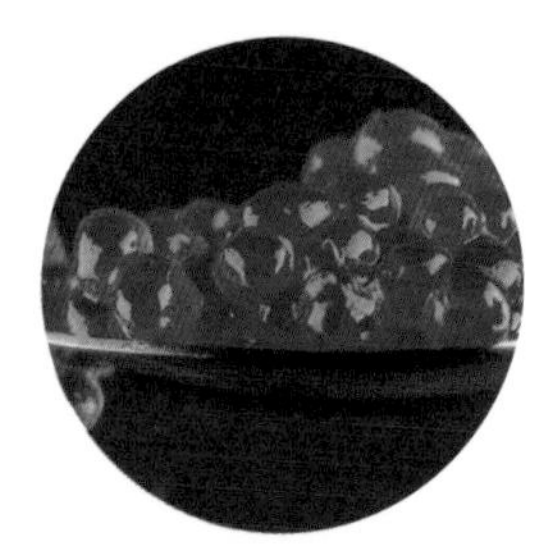

▲ 三文魚魚子

除了 DHA 和 EPA，三文魚還含有一種叫蝦青素的生物活性物質。蝦青素是一種類紅蘿蔔素；不溶於水，而溶於大部分有機溶劑；其晶體或溶液呈紫紅色。自

然界中，蝦青素主要由一些藻類、細菌和真菌產生。蝦、蟹等甲殼動物攝食了產生蝦青素的微藻，將蝦青素儲存在甲殼中。而鮭、鱒魚類攝食了這些甲殼動物，可以將蝦青素儲存於肌肉中。這就是三文魚肌肉呈現橙紅色的原因。

蝦青素具有顯著的抗氧化作用，具有「超級維他命 E」之稱。另外，蝦青素還具有抗腫瘤和增強機體免疫力等功能，對視黃斑退化和帕金遜症、認知障礙症等中樞神經系統疾病的防治有積極的作用。

美食體驗

三文魚是製作刺身的優質食材，其口感軟滑細膩，有入口即化的感覺。

除了生食，煙燻是三文魚的另一種經典吃法。蘇格蘭煙燻三文魚使用陳年威士忌的酒桶燻製，恰到好處的煙燻去除了魚肉腥氣的同時，也為魚肉增添了獨特的風味，並使得肉質更為緊實而有嚼勁。煙燻三文魚經常被切成薄片，搭配芝士、洋葱，放在麵包片上一起食用。有時煙燻三文魚也用於壽司製作。雖然這在日本並沒有流行，但在北美的壽司店，人們將煙燻三文魚、芝士、米飯用紫菜捲起來吃，別有一番風味。

▲ 三文魚刺身

鮭魚魚子更是名貴的食品，具有很高的營養價值。

三文魚的選購

新鮮三文魚具備一層完整的銀色魚鱗，透亮有光澤；魚皮黑白分明，無瘀傷；魚眼清亮，瞳孔色深；魚鰓鮮紅，有紅色黏液；魚肉呈鮮艷的橙紅色，結實而富有彈性。若用手指輕壓，魚肉不緊實，缺乏彈性，則說明三文魚已不新鮮。

對蝦

牠們種類繁多，形態各異，分布廣泛。有的居住於熱帶溫暖海水中；有的穿梭於寒冷的極地冰層下。有的體形壯碩，甲殼堅硬厚實；有的身姿嬌小，似「弱不禁風」。有的通體瑩潤似玉；有的身披環形花紋，如蕩開的層層漣漪。牠們在海中或是揮舞長鬚，英姿颯爽；或是擺動嬌軀，悠然自得。牠們便是數量龐大的海水蝦。

蝦類屬甲殼亞門十足目。中國市場上常見的海水蝦主要有凡納濱對蝦、中國明對蝦、斑節對蝦、日本囊對蝦、脊尾白蝦、鷹爪蝦、龍蝦等。其中，中國明對蝦、斑節對蝦和凡納濱對蝦，被列為世界三大養殖蝦類。

中國明對蝦也被稱為中國對蝦、明蝦、東方對蝦，分布於渤海和黃海。中國明對蝦肉質緊實滑嫩，細膩且富有彈性。

中國明對蝦是中國沿海的主要養殖蝦類之一。為了提高中國明對蝦的抗病能力和生產性狀，中國水產科學研究院黃海水產研究所不斷對其進行人工選育，成功培育出「黃海 1 號」、「黃海 2 號」、「黃海 3 號」新品種。

斑節對蝦，又稱鬼蝦、草蝦、花蝦、竹節蝦、斑節蝦、牛形對蝦、大虎蝦，廣泛分布於印度洋和西太平洋。斑節對蝦具有廣鹽性，耐高溫、耐低氧、耐乾露，但對低溫的適應力較弱。斑節對蝦通體呈墨綠色，有深棕色和土黃色環狀色帶相間分布。

凡納濱對蝦，又稱南美白對蝦、白腳蝦、白對蝦、凡納對蝦，原產於中、南美洲太平洋沿岸的溫暖水域，於 1988 年由中國科學院海洋研究所從美國夏威夷引進中國。1992 年，凡納濱對蝦的人工繁殖在中國取得了初步的成功。凡納濱對蝦生長快，適應性強，抗病力強，耐高密度養殖，是當今全世界養殖產量最高的蝦類。

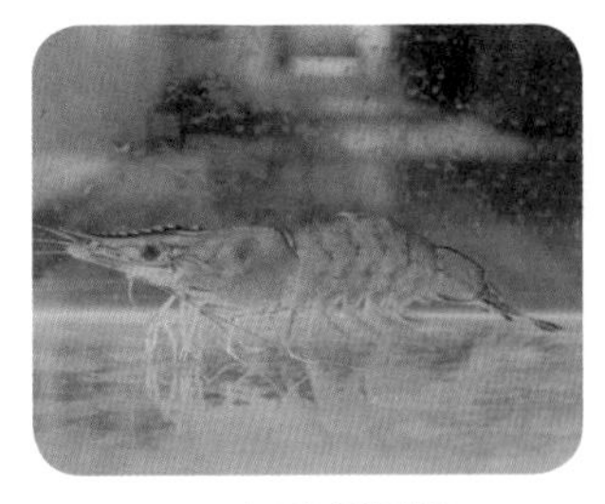

▲ 中國明對蝦

▲ 斑節對蝦

▲ 凡納濱對蝦

每 100 克對蝦可食部分主要營養成分			
	中國明對蝦	斑節對蝦	凡納濱對蝦
能量	351 千焦	431 千焦	—
蛋白質	18.3 克	18.6 克	18.71 克
脂肪	0.5 克	0.8 克	1.07 克
碳水化合物	1.6 克	5.4 克	—
膽固醇	183 毫克	148 毫克	—
胡蘿蔔素	420 微克	400 微克	—
視黃醇	17 微克	15 微克	—
硫胺素	0.02 毫克	—	—
核黃素	0.11 毫克	—	—
菸酸	0.9 毫克	2.4 毫克	—
維他命 E	3.92 毫克	1.64 毫克	1.79 毫克
維他命 D	—	—	198.32 毫克
維他命 B_6	—	—	5.24 毫克
鈣	35 毫克	59 毫克	—
磷	253 毫克	275 毫克	2,596.44 毫克
鉀	217 毫克	363 毫克	2,913.24 毫克
鈉	133.6 毫克	168.8 毫克	1,643.72 毫克
鎂	37 毫克	63 毫克	648.21 毫克
鐵	1.0 毫克	2.0 毫克	3.14 毫克
鋅	1.14 毫克	1.78 毫克	6.46 毫克
硒	29.10 微克	28.39 微克	—

注：參考楊月欣，王光正，潘興昌．中國食物成分表[M].2 版．北京：北京大學醫學出版社，2009

凡納濱對蝦與中國明對蝦和斑節對蝦相比，粗蛋白含量最高。

中國明對蝦、凡納濱對蝦和斑節對蝦肌肉中均至少含有 17 種氨基酸，包括 7 種必需氨基酸。凡納濱對蝦中必需氨基酸和呈味氨基酸（丙氨酸、谷氨酸、天冬氨酸和甘氨酸）的含量均高於中國明對蝦和斑節對蝦。

中國明對蝦、凡納濱對蝦和斑節對蝦肌肉中均至少含有 20 種脂肪酸，不飽和脂肪酸的含量均高於飽和脂肪酸的含量。3 種對蝦中，含量最高的飽和脂肪酸均為棕櫚酸，含量最高的單不飽和脂肪酸均為油酸。3 種對蝦中 DHA 和 EPA 總量均較高。

對蝦中，鉀、磷、鈉、鎂、鈣等含量高。對蝦微量元素中，鋅和鐵含量最高；硒的含量也較高。鎂能夠減少血液中膽固醇含量，擴張冠狀動脈，防止動脈硬化。此外，對蝦的通乳作用較強，對孕婦尤有補益功效。

▲ 殼聚醣

活性物質

殼聚醣是甲殼動物和昆蟲的外骨胳中最引人注目的一類多醣，是由甲殼素脫乙醯基產生的。它是自然存在的唯一一種帶正電荷的多醣，具有極佳的生物相容性和生物降解性。因此，殼聚醣被廣泛應用於生物醫藥領域，作為酶的固定介質、藥物的控緩釋劑，製備人工生物膜、手術縫合線、人造皮膚等。殼寡醣是由殼聚醣經過降解得到的產物，多指聚合度為 2 ～ 20 的寡醣，由於其正電荷的效應，可以聚集在癌細胞附近，有效起到靶向的作用，具有一定的抗癌效果。殼聚醣及其衍生物能增強機體免疫力，提高吞噬細胞的吞噬能力，增強抗病毒和抗腫瘤的能力。同時殼聚醣及其衍生物是功能性食品較為理想的原料，具有減肥、降血壓和延緩衰老等作用。

▲ 蝦青素粉末

▲ 蝦青素膠囊

甲殼動物中另外一種特徵活性物質是蝦青素。在人體內，蝦青素具有保護視網膜和中樞神經系統、預防心血管疾病、增強機體免疫力等功能。蝦青素分子結構中的共軛雙鍵和 α– 酮羥基極易與自由基反應並將其清除，具有極強的抗氧化性能。免疫學研究表明，蝦青素具有很高的免疫調節活性，可以增強 T 細胞的功能，增加嗜中性白細胞的數目，並能夠促進人體免疫球蛋白的產生，從而增強機體細胞免疫和體液免疫，提高機體抗腫瘤免疫應答的功能；並可以作為光保護劑，防止由光輻射引起的皮膚衰老和皮膚癌。

美食體驗

對蝦一直是高檔宴席的必備佳品，老少皆宜。據說，對蝦的做法有 200 多種，常見的有「清蒸大蝦」、「白菜燉蝦」、「茄汁對蝦」、「鹽水大蝦」、「油燜蝦」、「油炸對蝦」、「奶油烤蝦」、「香辣蝦」等。有些人喜歡白灼，以品嘗蝦肉的原汁原味；也有人喜歡爆炒、油炸，濃郁的油香配以蝦肉的鮮嫩，強烈刺激着味蕾。

▲ 檸檬蝦

香炒蔬菜大蝦是一道家常菜餚。將對蝦剝皮、去蝦頭和蝦腸，只留蝦肉待炒。在平底鍋中加入一湯匙牛油和一湯匙橄欖油，中火加熱，用蒜末爆香後，放入蝦肉煸炒 3 分鐘，肉色由青白轉紅後便可撈出。再在鍋中加入一匙橄欖油，中火加熱，取翠玉瓜切片入油煸炒，再加入粟米粒燜煮片刻，最後加入番茄、鹽、胡椒，翻炒之後再倒入蝦加熱數十秒，即可關火裝盤。此菜色彩明艷，鮮嫩清香而且營養均衡。

▲ 腰果蝦仁

檸檬香辣蝦是一道風味獨特的菜餚。將適量麻油、蜂蜜、辣椒醬放入碗中，再擠進適量檸檬汁，最後放入鹽與胡椒。將所

▲ 炒蝦仁

▲ 香辣蝦

▲ 鮮蝦雲吞

有調料攪拌均勻，把剝好的蝦放入其中翻滾，再用竹籤將蝦肉串好，放進烤箱中烤熟即可。鮮嫩的大蝦，配以酸、甜、辣等多種滋味，口感更顯豐富。

鮮蝦雲吞是中國家喻戶曉的小吃。將蝦肉、豬肉，再配以葱、薑、芫茜，混合剁碎，放入大碗中，倒入醬油、麻油、鹽調味，也可加入些許蛋白，拌勻，包入準備好的雲吞皮中。燒一鍋開水，放入雲吞，煮三、四分鐘，再將備好的綠葉蔬菜放入鍋中燙熟，撈出撒上葱花、芫茜點綴。氤氳的蒸汽中，夾一個熱騰騰的雲吞，咬入口中，鮮香瞬間盈滿口腔。

如何挑選對蝦？

買對蝦的時候，要挑選體表潔淨、蝦體完整、頭部和身體連接緊密、肌肉緊實且有彈性的個體。肉質疏鬆、顏色泛紅、聞之有腥臭味的，則是不夠新鮮的蝦。

我們為甚麼吃不到對蝦子？

我們在吃對蝦的時候從沒吃到過對蝦子，是因為我們吃的都是雄蝦嗎？其實並非這樣，我們所熟悉的蝦大都屬十足目，十足目中又分為腹胚亞目和枝鰓亞目。腹胚亞目的動物，雌性會將受精卵附於腹足上。所有的蟹及大多數蝦都屬腹胚亞目。但是，對蝦屬枝鰓亞目，擁有枝條狀的鰓部，沒有育卵行為。自然條件下，對蝦通常在河口附近的淺海交尾產卵，雄蝦將精莢植入雌蝦的納精囊內，雌蝦將受精卵直接產於海水中，因而我們吃不到帶有蝦子的對蝦。

三疣梭子蟹

它們鎧甲護身，一雙發達的長螯威猛有力，在沙灘上威風凜凜地橫行；它們可以暢游海洋，一對游泳足如槳似楫。它們，是三疣梭子蟹。

然而，真正吸引人們的並不是它們霸氣的外形，而是「鎧甲」下的鮮肉軟膏。古往今來，多少文人墨客讚美它們的美味。唐代大詩人白居易有言「陸珍熊掌爛，海味蟹螯成」，將海蟹螯足與熊掌相提並論。

三疣梭子蟹，俗稱梭子蟹，屬十足目梭子蟹科，是中國沿海的重要經濟蟹類。梭子蟹一般在水深 3 ～ 5 米的淺海繁殖，冬天移到水深 10 ～ 30 米的海底泥沙中穴居越冬；喜歡攝食小貝、小魚、小蝦和鮮嫩的海藻等。

每 100 克三疣梭子蟹不同部位蟹肉主要營養成分

	腹部	大螯	附肢
蛋白質	17.25 克	17.24 克	15.81 克
脂肪	0.83 克	0.62 克	0.86 克
碳水化合物	0.17 克	0.14 克	0.10 克
鈉	339.7 毫克	707.02 毫克	432.88 毫克
鉀	242.64 毫克	220.48 毫克	245.37 毫克
鈣	148.50 毫克	144.92 毫克	106.61 毫克
鎂	66.96 毫克	92.11 毫克	60.65 毫克
鋅	33.80 毫克	26.71 毫克	34.93 毫克
銅	12.4 毫克	18.2 毫克	12.46 毫克
鐵	8.90 毫克	6.90 毫克	8.14 毫克
錳	0.98 毫克	0.76 毫克	0.81 毫克
硒	0.36 毫克	0.45 毫克	0.38 毫克
鈷	0.02 毫克	0.02 毫克	0.02 毫克
鉻	0.38 毫克	0.57 毫克	0.32 毫克
水分	78.54 克	78.80 克	78.57 克
灰分	2.25 克	2.79 克	2.50 克

注：參考汪倩，吳旭幹，樓寶等. 三疣梭子蟹不同部位肌肉主要營養成分分析[J]. 營養學報，2013，3（53）：310-312

三疣梭子蟹肉質細嫩，口感清甜，營養豐富。科學家對三疣梭子蟹不同部位的基本營養成分進行測定，發現蟹肉中蛋白質含量最高，雄性生殖腺次之，雌性生殖腺中蛋白質含量最高，雄性生殖腺次之，雌性生殖腺中蛋白質含量最低；而三者粗脂肪含量順序正好相反。

▲ 三疣梭子蟹

蟹肉中含有 20 種氨基酸。必需氨基酸中，以亮氨酸和賴氨酸含量較高。非必需氨基酸中，谷氨酸含量最高，其次為精氨酸和天冬氨酸。

三疣梭子蟹肌肉中主要的脂類為磷脂，甘油三酯含量最低。

▲ 蟹黃

三疣梭子蟹可食部分還含有豐富的不飽和脂肪酸。其中，雌性生殖腺的不飽和脂肪酸含量較高，雄性生殖腺次之，蟹肉最少。

三疣梭子蟹可食部分中鈣、鎂、鋅的含量均高於皺紋盤鮑；肌肉中鈣和鎂的含量高於生殖腺，而雌性生殖腺中鋅、鐵的含量高於肌肉和雄性生殖腺。

海蟹為甚麼比淡水蟹更為鮮甜？

為了適應鹹水環境，海蟹細胞內會儲備更多的游離氨基酸和胺類化合物來平衡海水的高滲透壓，而其中的鮮味氨基酸，如谷氨酸、天冬氨酸、甘氨酸、精氨酸，使得蟹肉天生具有濃郁鮮味。所以海蟹通常要比淡水蟹更加鮮甜。

美食體驗

三疣梭子蟹到了繁殖期，蟹膏、蟹黃肥滿、鮮美，蟹肉細膩、清甜，實在美味。

三疣梭子蟹烹飪方法一般是清蒸，將其肉蘸以薑醋汁，別有風味。漁民常挑選肥滿的活蟹，將蟹黃剔入碗中，使之經歷風吹日曬，製成「蟹黃餅」，風味特佳。寧波美食紅膏熗蟹，是將膏肥肉腴的鮮蟹用鹽、酒醃製而成的。紅膏熗蟹醃漬得宜，蟹膏色艷味香、入口即化，蟹肉細膩柔軟、鹹鮮可口。鮮美的三疣梭子蟹，非常適合與吸味的食材搭配。比如梭子蟹炒年糕，蟹肉與年糕一起送入口中，軟、糯、鮮、香，真是一種享受。除此之外，三疣梭子蟹還可曬成蟹米、研磨蟹醬、製成罐頭等。

▲ 清蒸梭子蟹

▲ 梭子蟹焖豆腐

▶ 紅膏熗蟹

鮑魚

它們，有着厚厚的貝殼，像一隻隻耳朵，靜靜聆聽着潮起潮落；它們，牢牢吸附於岩石上，任憑狂風巨浪，我自巋然不動。它們是鮑魚。

四大海味「鮑、參、翅、肚」中，鮑魚居首，其別名又叫「九孔螺」、「海耳」。我們所謂的「鮑魚」，在古代被稱為「鰒魚」或「盾魚」。歐洲人喜食鮑魚，譽其為「餐桌上的軟黃金」。在中國，清朝宮廷中還有所謂的「全鮑宴」。

每 100 克鮑魚肉主要營養成分

	皺紋盤鮑	雜色鮑
粗蛋白	16.87 克	16.19 克
粗脂肪	0.35 克	0.33 克
錳	3.6 毫克	3.56 毫克
鈷	0.238 毫克	0.244 毫克
銅	14.353 毫克	12.949 毫克
鋅	31.811 毫克	29.397 毫克
硒	0.243 毫克	0.240 毫克
鍶	5.328 毫克	7.549 毫克
鉬	0.170 毫克	0.191 毫克
錫	0.484 毫克	0.444 毫克
鋇	0.440 毫克	0.479 毫克
鉻	0.841 毫克	0.787 毫克
水分	72.91 克	75.98 克
粗灰分	1.98 克	1.74 克

注：參考郭遠明，張小軍，嚴忠雍等. 皺紋盤鮑和雜色鮑肌肉主要營養成分的比較[J]. 營養學報，2014，3（64）：403-405

▲ 乾鮑

鮑魚肉鮮而不膩，是名貴的滋補珍品。鮑魚肉蛋白質含量豐富，膠原蛋白佔很大比例，而脂肪和膽固醇含量較低。鮑魚中氨基酸種類齊全，各種氨基酸的比例也很合理。其中，精氨酸、丙氨酸、谷氨酸、天冬氨酸含量較高。

鮑魚肉中鐵、鈣、鎂、鋅等含量均較高，且含有硒、鍺等微量元素。硒可以增強人體的免疫力，具有一定的抗癌功效。鍺對惡性腫瘤有一定的輔助治療作用，對高血壓、糖尿病和高血脂也有療效。

另外，鮑魚中脂肪酸種類也較豐富，且不飽和脂肪酸含量大於飽和脂肪酸含量。不飽和脂肪酸中，油酸、二十碳四烯酸、亞油酸、棕櫚油酸含量都較高。油酸可以降低人體血液中膽固醇濃度；而亞油酸有着預防動脈粥樣硬化等疾病的作用。鮑魚中還含有 EPA、DHA 等多不飽和脂肪酸，在促進人體神經細胞生長發育、調節機體免疫功能方面都有作用。

活性物質

《名醫別錄》、《勝金方》、《本草綱目》等古代藥學典籍記載，鮑魚有治療「目障翳痛」、「小便五淋」、「肝虛目翳」的功效，「久服，益精輕身」。

鮑魚的藥用價值也為現代醫學所認可。相關研究表明，鮑魚體內存在具有免疫調節、抗腫瘤、抗應激等功能的活性成分，主要是多醣類物質。有研究表明，從皺紋盤鮑中提取的鮑魚多醣可以明顯增加荷瘤小鼠巨噬細胞的吞噬能力，抑制移植性肉瘤的生長；還可以提高環磷醯胺對小鼠移植性腫瘤的抑瘤率，拮抗環磷醯胺所致荷瘤小鼠的白細胞減少、胸腺萎縮等毒副作用。另有研究顯示，鮑魚多醣能誘導腫瘤細胞凋亡。此外，鮑魚多醣還被證明有良好的清除自由基的能力。

美食體驗

▲ 鮑魚飯

鮑魚被列為海味珍品之冠，在中國歷代菜餚中佔有「唯我獨尊」的地位。過去能夠嘗到鮑魚這一美味的非官則富，而今鮑魚走上了普通百姓的餐桌。

古人很早就發現了鮑魚的美食價值。《漢書・王莽傳》中就有王莽「啖鰒魚」的記載。西晉陸雲在《與車茂安書》中寫道：「膾鯔鰒，炙鱉，烹石首，臛，真東海之俊味，餚膳之至妙也。」

▲ 鮑魚菜餚

中國古代流傳的多是乾鮑烹調方式。新鮮鮑魚經過去殼、醃漬、水煮、出曬等多道工序，收起柔嫩的質感，變得堅硬緊實，成為乾鮑。乾鮑適合整顆以砂鍋慢煨的方式來烹調。經歷時光打磨的乾鮑經湯水與熱量重新激發出甘美的味道，彷彿歷經了又一個輪迴，充溢着別樣的醇美。

乾鮑選購

在選購乾鮑時，可仔細觀察。個頭大、外形完整、肥厚、乾爽者品質較佳。

文蛤

近海沙灘中，它們時不時吐出一兩口清泉，安然自若。它們彷彿塗着釉彩的花殼光潔、斑斕，像一件件藝術品，點綴着金色的沙灘。它們是文蛤。

文蛤屬真瓣鰓目簾蛤科文蛤屬，一般生活在河口附近的潮間帶以及淺海的細沙或泥沙灘中。在中國沿海，南至廣西，北至遼寧，均有文蛤分布。文蛤是中國重要的食用貝類之一。相傳清朝乾隆皇帝曾御封其為「天下第一鮮」。

每 100 克文蛤可食部分主要營養成分	
粗蛋白	15.54 克
粗脂肪	1.07 克
總糖	4.14 克
水分	76.39 克
灰分	2.86 克

注：參考李曉英，董志國，閻斌倫等 . 青蛤與文蛤的營養成分分析與評價[J]. 食品科學，2010，31（23）：366-370

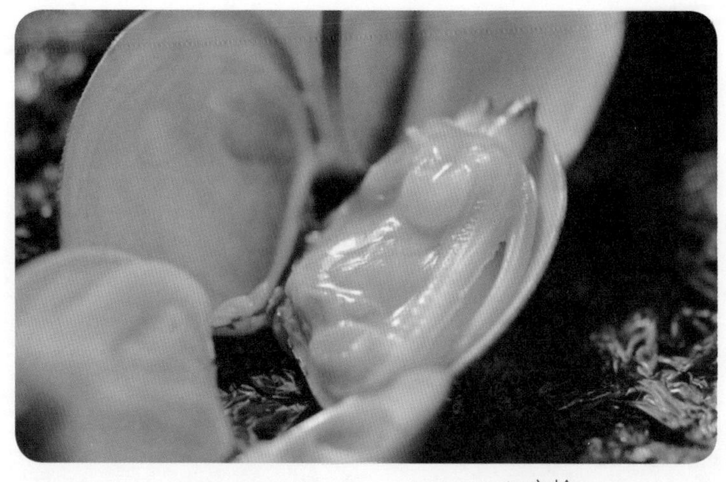

▲ 文蛤

文蛤體內水分含量高，約 80%；蛋白含量高，脂肪含量低；總糖含量較高，約為 5%。

文蛤至少含有 18 種氨基酸，必需氨基酸種類齊全。雖然其氨基酸總量低於沙蛤、櫛孔扇貝和雞蛋，但是必需氨基酸佔總氨基酸的比例較高，為 45% 左右，且配比合理。文蛤富含谷氨酸、天冬氨酸、丙氨酸、甘氨酸等呈甜味和鮮味的氨基酸，這也是其被譽為「天下第一鮮」的原因。此外，文蛤中亮氨酸、賴氨酸和精氨酸的含量也較高。值得一提的是，文蛤中牛磺酸含量較高。牛磺酸具有促進大腦發育、提高視覺機能、改善心血管機能和內分泌狀態、增強人體免疫力等功能。

文蛤中還含有豐富的脂肪酸，以及易被人體吸收的維他命和鈣、鉀、鎂、磷、鐵等。

保健功能

鮮美的文蛤具有很高的藥用價值。《本草綱目》記載，它「能止煩渴，利小便，化痰軟堅」。

有很多報道表明文蛤提取物具有降糖、降血脂、抗突變和抗腫瘤等功效。國外研究者從文蛤中提取到一種叫蛤素（mercenene）的多肽類生物活性物質。蛤素對某些癌細胞有着較強的抑制及殺傷作用，且小鼠實驗顯示其並無毒害作用。國內研究者也從文蛤中提取了多種多肽、多醣，且這些成分被證明具有抗腫瘤和增強免疫力的功效。

▼ 挖文蛤

美食體驗

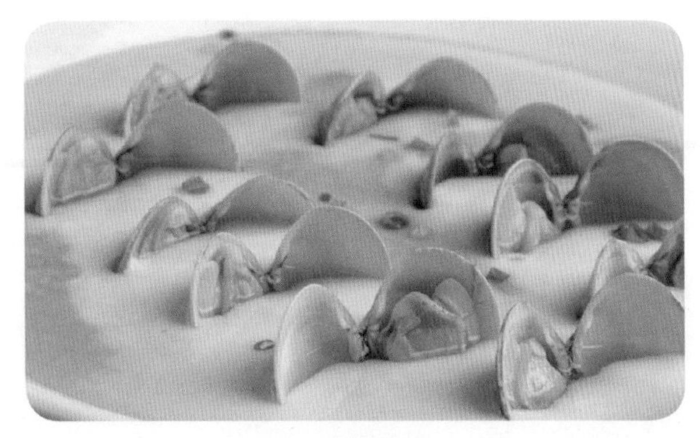
▲ 文蛤蒸蛋

文蛤可做菜餚主料，以猛火爆炒，鮮而不膩，讓人百食不厭；也可做配料，增香提鮮，餘味無窮。

文蛤蒸蛋是一種既營養又美味的家常菜餚，雞蛋嫩滑，蛤肉彈牙，非常適合兒童食用。蒸煮前先將文蛤放入清水中浸泡，使其吐淨沙礫。將雞蛋打入碗中，蛋液隨着筷子的律動被攪得均勻；然後，在濃稠的蛋液中加入高湯、料酒、鹽並調勻；之後，便可放入文蛤一起蒸煮了。蛋液在高溫中慢慢凝固。文蛤在氤氳的蒸汽中開殼，繼而又被蛋羹緊緊裹住。出鍋後，撒上葱花，提味增色。食幾顆蛤肉，品幾匙蛋羹，讓人回味無窮。

文蛤還有其他製作方法。例如，可以將文蛤肉剁成泥，調入麵粉、雞蛋、葱、薑等，煎成文蛤餅，鮮嫩香酥，美味可口。也可將文蛤與冬瓜搭配，製成文蛤冬瓜湯，湯水清澈悅目，滋味清爽鮮香。

如何挑選文蛤？

文蛤一定要選活的。觸碰文蛤外殼，能立刻緊閉外殼的是活的；不會閉殼的，是死蛤。閉殼的活文蛤，雙殼不易被掰開；閉殼的死文蛤，雙殼很容易被掰開。另外，文蛤宜選擇殼光滑、有光澤的。

▲ 文蛤

扇貝

它們是優雅而神秘的「海洋公主」，居住在幽靜的藍色世界。它們漂亮的扇狀殼，如孔雀開屏，翩翩而舞；又如投石入水，漣漪層層。它們是扇貝。

扇貝屬雙殼綱珍珠貝目扇貝科，中國沿海有約50種。櫛孔扇貝、海灣扇貝和蝦夷扇貝是中國目前人工養殖產量最高的種類，其中櫛孔扇貝是中國海域自然分布的物種。扇貝殼，色彩鮮艷，紋理美觀，常用來製作貝雕，加工成工藝品。扇貝薄薄的裙邊樣結構，叫外套膜。殼內圓柱狀潔白似雪的肌肉，叫閉殼肌，又稱扇貝柱，掌管着貝殼的開合。

每100克扇貝可食部分主要營養成分

	海灣扇貝	櫛孔扇貝
粗蛋白	12.70克	10.60克
粗脂肪	2.21克	3.73克
鉀	598.05毫克	544.3毫克
鈉	1,788.23毫克	610.3毫克
鎂	171.58毫克	284.3毫克
鈣	705.27毫克	19.2毫克
鐵	38.92毫克	42.41毫克
磷	699.13毫克	341.2毫克
錳	3.89毫克	7.26毫克
鋅	57.07毫克	20.51毫克
硒	0.12毫克	0.604毫克
水分	81.27克	82.04克
粗灰分	1.45克	1.20克

注：表中礦物質以乾重計，其餘以濕重計。參考李偉青，王頔，孫劍鋒等.海灣扇貝營養成分分析及評價[J].營養學報，2011，33（6）：630-632

扇貝是中國重要的養殖貝類，具有很高的營養價值，深受大衆喜愛。

扇貝閉殼肌中蛋白質含量比雞肉、牛肉和鮮蝦中都高。

有研究者曾比較過櫛孔扇貝、蝦夷扇貝和海灣扇貝全貝乾品蛋白質的含量，發現櫛孔扇貝蛋白質含量最高，蝦夷扇貝和海灣扇貝中蛋白含量稍低，但也接近 60%。

▲ 扇貝柱和扇貝生殖腺

扇貝中含有 20 種氨基酸。有研究顯示櫛孔扇貝、蝦夷扇貝和海灣扇貝中均為甘氨酸和谷氨酸含量較高。

扇貝中，不飽和脂肪酸含量高於飽和脂肪酸含量，多不飽和脂肪酸含量高於單不飽和脂肪酸含量。閉殼肌中 DHA 和 EPA 的含量高於外套膜中的含量。

扇貝中，鈣、磷、鎂、鋅、鐵等含量也較高。有人對扇貝生殖腺的營養成分進行專門研究。雌、雄生殖腺乾品中蛋白質含量均在 70% 之上，且氨基酸種類較齊全，必需氨基酸含量高，配比合理。此外，生殖腺中含有一定量的 DHA 和 EPA。更有研究表明，扇貝生殖腺中鈣和鉀的含量比匙吻鱘魚肉及其軟骨中的含量都要高，是人體補充鈣和鉀的極佳來源。

◀ 扇貝閉殼肌

活性物質

扇貝中含有大量的具有藥用價值的活性物質，成為現代醫學研究關注的重點。扇貝中的某些多醣類物質，能夠激活巨噬細胞活性，具有較強的抗腫瘤功能。其含有的某些多肽，能夠增強免疫細胞的活性，使得外周血 T 淋巴細胞增多，增強機體免疫力。扇貝中某些多肽還可以增加細胞內鈣離子的濃度，提高細胞過氧化氫酶、超氧化物歧化酶、谷胱甘肽的活性，具有抗氧化作用，能夠減輕紫外線照射對細胞的破壞。

▲ 扇貝

美食體驗

扇貝發達的閉殼肌是其運動的推進器，也是扇貝最好吃的部位。扇貝閉殼肌製成的乾品被稱為「干貝」，扇貝閉殼肌中蛋白質含量比雞肉、牛肉和鮮蝦中的都高，為「海八珍」之一。

▲ 蒜蓉粉絲蒸扇貝

扇貝可以生食，也適宜煎、蒸、燜、焗等多種做法。扇貝閉殼肌厚實，與魚肉相比多了份嚼勁，別有一番滋味。在西餐中，將扇貝用牛油煎製或裹上麵包糠油炸，搭配一杯讓人回味的白葡萄酒，便是精緻的開胃美食。粵菜中，蒜蓉粉絲蒸扇貝是廣受喜愛的經典菜餚。晶亮、綿軟、清爽的粉絲，瑩潤、彈牙、鮮美的閉殼肌，炒成微黃、香味濃郁的蒜蓉，加上或鮮紅或嫩綠的辣椒丁，整道菜給人視覺和味覺上的雙重享受。

蠔（牡蠣）

從法國巴黎的豪華餐廳到日本廣島海邊的小攤，從美國的東海岸到中國的沿海一線，舌尖上、文字間，這隻優雅的海洋生物開合隱現，讓全世界的食客欲罷不能。因這歲月催不老的蓬勃食慾和旺盛生命力，實在令人難以抵擋。據說生蠔之美味，世界之最，滋味溫和卻有勁道，恬淡且耐人尋味。

——〔美〕費雪《寫給牡蠣的情書》

牡蠣，雙殼綱牡蠣目牡蠣科生物的統稱，有「生蠔」、「海蠣子」等別名。中國沿海有牡蠣 20 多種，主要養殖種類有近江牡蠣、褶牡蠣、長牡蠣、大連灣牡蠣和密鱗牡蠣等。

每 100 克蠔肉主要營養成分	
蛋白質	7.284 克
脂肪	2.487 克
醣原	4.914 克
牛磺酸	0.646 克
水分	81.723 克
灰分	2.343 克

注：參考王丹，趙元暉，曾名湧等. 牡蠣營養成分的測定及水提工藝的研究 [J]. 食品科技，2011，3（63）：209-212

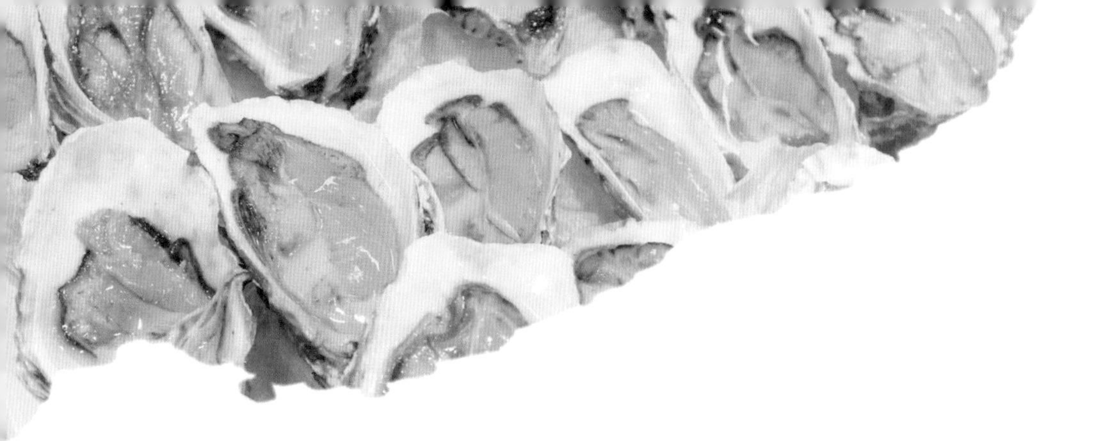

蠔肉呈乳白色，營養豐富，有「海底牛奶」的美譽。

▲ 蠔

蠔肉蛋白質和碳水化合物含量高，脂肪含量低。蠔中的碳水化合物主要為醣原。醣原是人體中重要的儲能物質，是體力、腦力活動效率和持久性的保證，且醣原可以直接為組織吸收利用，有助於改善肝臟功能。

蠔肉中含有 20 種氨基酸，而且配比優於牛乳，其中以亮氨酸、精氨酸、瓜氨酸含量最高。蠔肉中還含有 β– 氨基丙酸、γ–氨基丁酸、鳥氨酸等多種具有重要生理功能的不常見氨基酸。這些氨基酸有降低血液膽固醇濃度、預防動脈硬化的作用。此外，蠔肉中含有豐富的牛磺酸。

蠔肉中還含有大量的不飽和脂肪酸，其中 EPA 和 DHA 佔脂肪酸總量的 20.4%。

蠔肉含有豐富的礦物質，如鈣、鎂、鉀、鈉、磷、鋅、鐵、硒、碘等，有着「微量元素的寶庫」稱號。硒在人體中有着參與 DNA 的合成和甲狀腺激素的代謝、保護細胞膜免受氧化損傷等作用，而蠔中硒的含量較高。蠔含鋅量居食物之首。鋅對於神經細胞功能的發揮作用重大，有助於兒童的健康發育。

蠔肉含有維他命 A、B、C、D、E、K 和 β– 胡蘿蔔素，種類齊全，含量豐富。其中，蠔肉中維他命 B_{12} 含量高於一般食物，有利於貧血的防治。

保健功能

人類對蠔保健功能的認識已逾千年，在中國漢代的《傷寒論》中就有記載。中國公布的第一批 68 種藥食同源的生物就有蠔，蠔肉和蠔殼均有保健作用。

《圖經本草》記載，蠔肉「炙食甚美，令人細肌膚、美顏色」。《本草綱目》認為蠔殼「化痰軟堅，清熱除濕，止心脾氣痛、痢下、赤白濁，消疝瘕積塊，癭疾結核」。中國最早的藥學專著《神農本草經》中也載：「（蠔）主傷寒寒熱，溫瘧灑灑，驚恚怒氣，除拘緩鼠瘻，女子帶下赤白，久服強骨節。」

蠔肉含有許多生物活性物質。有研究表明，從蠔中提取的多醣類物質能夠增強小鼠的免疫機能；對人結腸癌細胞、人肺腺癌細胞等有抑制作用；並具有一定的抗氧化能力。從蠔肉中提取的多肽物質具有抑菌、抗氧化和抑制胃腺癌細胞增殖等作用。

▲ 礁石上的蠔

美食體驗

歐洲人認為蠔最好的食用方式是生食，這樣才能品嘗到它真正的風味。撬開蠔殼，嘴唇抵住蠔殼邊緣，舌尖觸及蠔肉，輕輕吸吮，「嗖」的一下，柔軟多汁的蠔肉滑進口腔，讓人沉醉。生食蠔的美好在於豐富而有層次的口感，能品出前、中、後韵味的綿延。

生吃蠔面臨着感染病原微生物和寄生蟲的風險。如果你不知道蠔的來源，還是加熱熟食為好。蠔的做法很多，蒸煮、燒烤、煎炸、炒蛋、煮湯皆可。蠔配以適當調料清蒸，操作簡單，肉嫩味鮮。將蠔肉用少許黃酒略加醃製，然後裹上麵糊油炸，之後蘸取醋等調料食用。酥黃的麵皮包裹着鮮嫩的蠔肉，鮮香滿口。吃火鍋時也可以涮蠔，只要在沸湯中燙 1 分鐘就可以吃了。火鍋湯中夾出的蠔肉乳白嫩滑，宛若出水芙蓉。如果用蠔、薑絲煮湯，煮出的湯汁醇香四溢、鮮美可口。蠔肉嫩，烹調時要掌握好火候，蒸煮時間不宜過長，否則口感變差，營養價值也會降低。

▲ 炸蠔

▲ 生食蠔

▲ 炭烤蠔

蠔殼的開發利用

蠔的鈣質外殼形狀多樣，殼表面層紋狀褶皺粗糙銳利。蠔殼組成以碳酸鈣為主，還含有銅、鐵、鋅、錳等 20 多種微量元素。此外，還有佔蠔殼質量 3% ~ 5% 的有機質。結合現代生物技術，蠔殼有着很好的開發利用價值。

製備活性離子鈣：採用高溫煅燒法或高溫電解法從蠔殼中提取的活性鈣可為生物體吸收利用，起到補充鈣元素的作用。

作為藥物載體：蠔殼經處理可產生多種不同功能的多孔結構，可將藥物吸附其中，並有很好的緩釋效果。

製備骨替代仿生材料：蠔殼的生成與人體內骨鹽沉積高度相似，可開發成具有良好性能的骨生物材料植入人體。

製備土壤調理劑：蠔殼粉製成土壤調理劑，可以改善土壤物理結構，促進土壤微生物的繁殖，使土壤具有保水性、保肥性和透氣性。

魷魚

它們身體柔軟，腕足如花絲般綻放；它們軀幹多為圓筒狀，後端變細，宛若紅纓槍的槍尖。它們是可生食亦可爆炒的優良食材，有着鮮美的滋味、彈牙的口感、豐富的營養。它們就是魷魚。

在分類學上，魷魚屬軟體動物門頭足綱槍形目。魷魚身體可分為足部、頭部和胴部。頭部兩側具有 1 對發達的眼，口周圍的腕足一般有 10 條。

魷魚個大，肉質和風味與鮑魚相似，因此也被稱為「窮人的鮑魚」。魷魚可食用的部分佔體重的 80% 以上。

魷魚的蛋白質含量高，每 100 克鮮魷魚中蛋白質的含量為 16% ～ 18%；而脂肪含量僅為一般肉類的 4% 左右，因此熱量遠遠低於肉類食品。

魷魚至少含有 18 種氨基酸，天冬氨酸、絲氨酸、谷氨酸、脯氨酸、甘氨酸和丙氨酸等呈味氨基酸含量很高。魷魚還含有大量的牛磺酸。魷魚必需氨基酸佔總氨基酸的比例不足 40%，算不上優質的蛋白源，但仍具有開發價值。

魷魚脂質主要由磷脂組成，是細胞膜的主要成分，具有重要的生理功能。魷魚中還含有多種脂肪酸。研究稱魷魚皮中以棕櫚酸的含量最高。棕櫚酸可分解人體內的氧自由基，促進細胞再生。魷魚皮的不飽和脂肪酸中，DHA 含量最

每 100 克魷魚胴體的主要營養成分

	秘魯魷魚	日本海魷魚
粗蛋白	17.27 克	17.25 克
粗脂肪	1.07 克	1.20 克
鈣	1.64 克	2.31 克
磷	12.17 克	12.68 克
鋅	0.90 克	0.11 克
銅	0.08 克	0.07 克
水分	79.35 克	76.10 克
灰分	1.34 克	1.37 克

注：參考楊憲時，王麗麗，李學英等. 秘魯魷魚和日本海魷魚營養成分分析與評價 [J]. 現代食品科技，2013，29（9）：2247-2293

▲ 曬魷魚乾

▲「轟炸大魷魚」

▲ 魷魚解剖

高，約佔總不飽和脂肪酸的 49%；其次是 EPA，相對含量約為 21%。

魷魚中含有鉀、鈣、鈉、鎂、磷、鐵、鋅、硒等。魷魚皮中鉀、磷和鈉元素含量相對較高。鉀、鈉是水產品中對呈味有較大影響的無機成分，這也使得魷魚鮮味濃郁。而鈣、鐵、鋅在促進骨骼發育、維持神經興奮性以及治療貧血等方面起着重要作用。

魷魚還含有一定量的維他命。魷魚皮中，維他命 E 含量最高；維他命 C 的含量也很可觀，達到 38.32 微克 / 克，這對膠原蛋白的合成以及治療壞血病和貧血等方面有輔助功效。

另外，研究表明，魷魚的內臟也有較高的營養價值。每 100 克魷魚內臟中含脂肪 21.15 克，蛋白質 21.24 克，鈣 51.46 毫克，鐵 609.07 微克，磷 95.88 微克。此外，魷魚內臟消化液中還含有 18 種氨基酸，而魷魚內臟脂肪酸中 DHA 和 EPA 的含量分別約為 15% 和 11%。魷魚內臟可作為肉食性魚類的餌料，增重效果良好。

保健功能

有研究表明，魷魚的提取物具有較強的抗氧化能力。中醫認為，魷魚具有很好的滋補作用，特別是對腰肌勞損、風濕腰痛、產後體弱等有一定功效。

美食體驗

▲ 炸魷魚圈

▲ 烤魷魚

魷魚是生活在濱海城市的人們熟悉的美味。那街頭巷尾傳來的孜然配合着炭烤的魷魚的香氣引人駐足，唇齒大動。魷魚可生食，可煎炸，可爆炒，醬香魷魚絲、鐵板魷魚、青椒魷魚絲……必有一款適合食客的口味！同時魷魚也可做成味道鮮美、有嚼勁的魷魚絲，甚至可以製作成罐頭，成為人們喜愛的休閒食品。

當然，目前最旺的魷魚小吃莫過於有滋有味的「轟炸大魷魚」了。「轟炸大魷魚」是一款現製休閒街頭小吃，於2013年興起於台灣。這道美食精選大魷魚，去除內臟，加入適量鹽、料酒、胡椒粉等調料醃制，然後用刀在魷魚胴體上劃出花型，再經過裹漿、上粉等加工工序，放入熱油高溫烹炸。炸好的魷魚還要用脫油設備進行脫油。這樣做出的「轟炸大魷魚」外皮焦香酥脆，肉質彈牙，鮮香濃郁而無油膩之感。

炸魷魚的外搽醬料和外撒粉料堪稱一絕，有「古早魷魚醬」、「酸辣魷魚醬」、椒鹽、蜂蜜、芥末、孜然、咖喱、海苔等十幾種，鹹、甜、酸、蒜香、香辣、麻辣等風味各具，以滿足不同消費者的口味要求，令人百吃不厭。

魷魚、烏賊、章魚，傻傻分不清？

魷魚的胴部呈圓筒狀，較為細長，末端呈紅纓槍的槍尖樣；一般有10條腕。烏賊的胴部呈袋狀，有10條腕。而章魚的胴部為球形，有8條腕。另外，我們常吃的「筆管魚」，其實是魷魚中的一種。

▲ 魷魚

如何選購魷魚？

優質魷魚軀體完整堅實，呈粉紅色，有光澤；肉肥厚，半透明。劣質魷魚體形瘦小殘缺；顏色赤黃色，略帶黑色，無光澤。

▲ 烏賊

▲ 章魚

海帶

海水中，一叢叢如綢帶般的海藻隨着潮水的湧動而搖曳起舞。它們的葉狀藻體如絲綢般柔滑。它們緊緊固着在岩石上，任憑巨浪狂濤也折不斷看似單薄的身軀。餐桌上，它們味道鮮美；醫學研究中，它們也是焦點。它們便是海帶。

中國不是海帶的原產地。20世紀初，海帶從日本北海道和本州島北部無意被帶到中國大連附近的海域。以中國科學院海洋研究所曾呈奎院士等為代表的科技工作者先後攻克「夏苗培育」、「筏式養殖」「施肥養殖」、「南移養殖」等技術難關，實現了海帶北起遼寧、南至廣東的大面積養殖。目前，中國的海帶產量位居世界第一。

每100克乾海帶可食部分主要營養成分	
蛋白質	10.28克
脂肪	1.35克
總糖	59.7克
粗纖維	9.74克
硫胺素	0.01毫克
核黃素	0.10毫克
菸酸	0.8毫克
維他命E	0.85毫克
鈣	348毫克
磷	52毫克
鉀	761毫克
鈉	327.4毫克
鎂	129毫克
鐵	4.7毫克
鋅	0.65毫克
硒	5.84微克

注：參考楊月欣，王光正，潘興昌.中國食物成分表[M].2版.北京：北京大學醫學出版社，2009；仇哲，孫躍春，吳海歌.酶解海帶產物的營養成分分析[J].黑龍江八一農墾大學學報，2016，28（2）：60-63

▲ 撈海帶的漁船

海帶，是一種大型海生褐藻，具有較高的營養價值和藥用功效，有着「健康食品」、「長壽菜」的美譽。海帶中，糖類約佔 60%，氨基酸至少有 18 種。

海帶中含有碘、鈣、磷、鐵、硒、鎂等十幾種礦物質和多種維他命，尤其含碘量在食物中較高，是補碘佳品。

保健功能

▲ 曬海帶

海帶的生理功效多與其含有的海帶多醣、碘和膳食纖維有關。其中海帶多醣主要有 3 種，即褐藻膠、褐藻糖膠和海帶澱粉。褐藻膠和褐藻糖膠是細胞壁的組分，海帶澱粉存在於細胞質中。

海帶中碘的含量高，且以可溶於水的碘化物的形式存在。經常食用海帶可防治甲狀腺腫。此外，碘是人體合成甲狀腺素的原料，而甲狀腺素為人腦發育所必需。嬰幼兒若缺碘，其大腦和性器官便無法充分發育，導致身體矮小、智力遲鈍，患所謂的「先天性碘缺乏症候群」。食用海帶有助於嬰幼兒的智力發育。

海帶具有降血糖、降血脂、降血壓的功效。

海帶所富含的膳食纖維中，可溶性纖維所佔的比例較高。膳食纖維不易被人體消化道酶系分解，可吸水膨脹，增加飽腹感，促進膽汁酸代謝，降低血中膽固醇，提高胰島細胞外周敏感性從而降低血糖。研究表明，海帶多醣能增加血清鈣和胰島素的量，明顯降低四氧嘧啶所致糖尿病小鼠的血糖水平，提高糖耐量。另有觀點認為，海帶多醣可調節葡萄糖的吸收，達到降血糖功效。海帶

能在腸道中將食糜中的脂肪帶出，而研究認為其組分褐藻膠、海帶澱粉和褐藻糖膠都是重要的功能因子。中國民間流傳有蒸食海帶降血壓的說法。海帶中含有的褐藻酸鉀能調節人體鈉鉀平衡，減少人體對鈉的吸收，起到降血壓的作用。

海帶能夠抗放射性物質和鉛的危害。放射性鍶進入人體後會損壞骨髓造血功能，影響骨髓生長，誘發骨癌和白血病。海帶中的海藻酸鈉能阻止放射性鍶被消化道吸收，且有助於體內舊有的放射性鍶的排出。此外，鉛嚴重危害神經系統和造血系統，而褐藻酸鈉還有排出體內鉛的作用。

海帶也具有抗腫瘤的功效。海藻多醣的抗腫瘤作用與其能增加巨噬細胞數量，促進巨噬細胞的活性，抑制腫瘤細胞的生長、轉移和增殖，促進癌細胞凋亡相關。

此外，海帶還被證明具有免疫調節、抗疲勞、抗氧化、抗突變等多方面的藥理作用。

美食體驗

說起海帶，人們腦海中便立馬浮現出各式各樣色香味俱全的海帶佳餚。

涼拌海帶絲。將清洗後的滑溜溜的鮮海帶切成細絲，加入香醋、蒜茸和辣椒丁攪拌。用筷子緊緊夾住海帶絲送入口中，酸辣與甘鮮齊齊迸發，口感爽滑，讓人倍覺酣暢，回味悠長。

▲ 海帶排骨湯

海帶排骨湯。將排骨洗淨，與葱段、薑片一同放入鍋中，猛火燒沸，撇去浮沫。乾海帶浸入清水泡發，切成絲或片，入鍋猛火蒸煮，淋入麻油、撒上鹽調味，經過精心烹飪，肉爛脫骨，海帶滑軟，湯鮮味美，讓人品嘗後神清氣爽。

由於海帶具較高的營養價值與較理想的保健功效，諸多海帶保健食品和方便食品被研製出來，如海帶片、海帶麵條、海帶蛋糕、海帶飲料等。這為人們吸收海帶的營養提供了更廣泛的途徑。

▲ 海帶麵

▲ 海帶燒馬鈴薯

▲ 海帶豆腐湯

▲ 涼拌海帶絲

▲ 紫菜養殖

紫菜

它們生命力旺盛，無論遭遇乾燥還是狂風，都頑強地存活着，層層密集，染出一片迷人的深紫色。它們一叢叢，浸染了最純正的海鮮風味，餐桌上無論作為主要食材還是點綴，都是最濃郁的一抹鮮香。它們是紫菜。

紫菜，被稱為「神仙菜」、「維他命寶庫」，屬紅藻門紅毛菜綱紅毛菜目紅毛菜科紫菜屬，生長在潮間帶海域。中國紫菜產量居世界首位，南方以養殖壇紫菜為主，北方以養殖條斑紫菜為主。在中國的養殖藻類中，雖然紫菜的產量低於海帶，但經濟產值卻高於海帶。

▲ 壽司

每 100 克皺紫菜不同生長期可食部分主要營養成分			
	早期	中期	晚期
粗蛋白	40.38 克	35.39 克	32.81 克
碳水化合物	15.3 克	20.4 克	23.5 克
粗纖維	2.14 克	2.90 克	2.62 克
粗脂肪	0.74 克	0.94 克	2.12 克
水分	11.69 克	12.95 克	10.48 克
灰分	6.83 克	8.16 克	8.80 克

注：參考陳偉洲，蔡少佳，劉婕等．養殖海藻皺紫菜和脆江蘺的主要壽司營養成分分析[J]. 營養學報，2013，35（6）：613-615

▲ 紫菜養殖

紫菜蛋白質含量因紫菜種類及生長時間、地點等的不同而有所不同，通常佔紫菜乾重的 25% ～ 50%，遠遠高於一般的蔬菜，與大豆中的蛋白質含量相近。

生長初期的紫菜蛋白質含量較高，隨着生長時間的延長，蛋白質含量有所降低。紫菜中富含牛磺酸，其含量超過藻體乾重的 1.2%。

與陸生植物相比，紫菜脂肪含量很低，為乾重的 1% ～ 3%。紫菜富含不飽和脂肪酸。有報道稱，日本產的條斑紫菜中，EPA 的含量約佔脂肪酸總量的 50%；福建產的壇紫菜中，EPA 的含量約佔脂肪酸總量的 24%。

紫菜中多醣佔乾重的 20% ～ 40%，具有增強免疫力、降血脂、抗氧化、抗衰老等作用。

紫菜中灰分可佔其乾重的 7.8% ～ 26.9%，而大多數陸地植物的灰分只為 5% ～ 10%。紫菜中鈉與鉀含量的比值小於 1.2，鈉與鉀的比值低有助於降低高血壓的發病率。紫菜富含碘和膽鹼。膽鹼是神經細胞傳遞信息的重要化學物質，對於增強記憶有一定的幫助。

紫菜還含有豐富的維他命。其中，維他命 C 的含量高於橘子中的含量；胡蘿蔔素，維他命 B_1、B_2 及維他命 E 的含量均高於牛肉、雞蛋和陸生蔬菜中的相應成分的含量。乾紫菜中維他命 B_{12} 的含量幾乎可與魚類的相媲美。維他命 B_{12} 有着活躍腦神經、預防衰老和記憶力衰退、改善抑鬱症的功效。

▲ 海苔

此外，乾紫菜中約 1/5 是膳食纖維，有利於腸道健康。

保健功能

《本草綱目》中就記有紫菜可以「主治熱氣、癭結積塊之症」。中醫認為，紫菜性寒、味甘鹹，具有軟堅化痰、清熱利濕、補腎養心的功效，可用於甲狀腺腫、水腫、腳氣、高血壓、咳嗽、慢性支氣管炎、淋病等的輔助治療。

美食體驗

▲ 紫菜包飯

紫菜應該是最容易打理的食材之一了。將乾紫菜掰成小片，用開水沖泡，滴入少許生抽、麻油，一碗鮮香潤喉的紫菜湯便誕生了。紫菜的吃法還有很多，如涼拌、炸丸子、脆爆、炒食等，而最有營養的做法還是與雞蛋、肉類、冬菇等搭配煲湯。紫菜蝦皮湯補碘補鈣；紫菜瘦肉湯不油不膩；紫菜豆腐湯化痰降脂。

紫菜還可製成傳統的菜餚——紫菜包飯。紫菜包飯其實是由壽司演變過來的。將米飯煮熟後添入適量的麻油，攪拌均勻，然後加入紅蘿蔔條、肉腸等，用烤製的紫菜裹起來即可。米飯軟糯，紅蘿蔔爽脆，肉腸香郁，紫菜鮮美……既能果腹，又可解饞。

乾紫菜選購

選購乾紫菜時一定要注意它的色澤、香味和手感。

質量好的紫菜薄而均勻，表面有光澤，呈紫褐色或紫紅色，摸起來乾燥，無沙粒感。泡發後沒有雜質，葉片整齊；吃起來鮮香滿口。若發現紫菜有褪色、發紅、黴變及色澤深淺不一等情況，不宜選購。千萬不要購買表面塗過油的紫菜。

海參

海底世界裏，它們閒庭信步，懶洋洋地蠕動。它們沒有健碩的體魄，柔軟的身軀看似抵不住驚濤駭浪的淘洗，然而它們卻世代繁衍，生生不息。它們的種群歷經了 6 億年的歲月，見證了滄海桑田。它們是海洋中的活化石——海參。

海參屬棘皮動物門海參綱，又名海黃瓜。全世界海參有 1,100 多種，可食用的約 40 種；中國海參有 140 餘種，可食用的僅約 20 種。常見海參有石參、黑參、綠刺參、花刺參、刺參、梅花參等。海參分布於熱帶和溫帶海域，以熱帶海域的海參種類多。

▲ 乾海參

海參中的刺參，肉質軟嫩、營養豐富，與魚翅、魚肚、淡菜（乾貽貝肉）、干貝、魚唇、鮑魚、魷魚並列為「海味八珍」，在高檔宴席上往往扮演着重要的角色。

科學家對數十種海參的化學成分進行了研究，海參體內富含氨基酸、維他命和礦物質等。

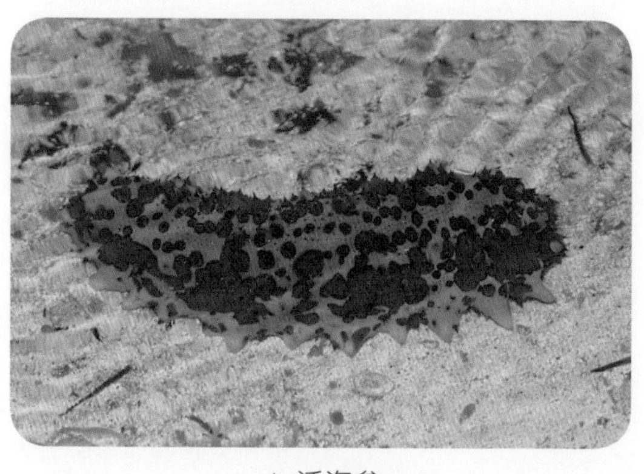
▲ 活海參

海參所含的氨基酸中，甘氨酸、精氨酸和谷氨酸含量較高。精氨酸是合成膠原蛋白的主要原料，可以促進機體細胞再生，提高人體免疫力，有利於消除疲

每 100 克海參可食部分主要營養成分（以乾重計）

	子安輻肛參	智利瓜參	黑海參	綠刺參	美國肉參	紅刺參	黑北極參	糙刺參	阿拉斯加紅參	黃禿參
蛋白質	82.69 克	80.17 克	86.74 克	73.58 克	80.96 克	76.26 克	87.20 克	76.64 克	78.83 克	82.93 克
黏多醣	10.38 克	9.16 克	8.42 克	12.53 克	11.46 克	9.87 克	7.86 克	13.15 克	9.91 克	8.14 克
鈉	0.167 克	0.163 克	0.151 克	0.549 克	0.759 克	0.855 克	0.359 克	0.549 克	0.527 克	0.468 克
鎂	0.265 克	0.248 克	0.234 克	0.515 克	0.234 克	0.305 克	0.284 克	0.418 克	0.240 克	0.248 克
鉀	0.010 克	0.012 克	0.008 克	0.031 克	0.020 克	0.017 克	0.013 克	0.021 克	0.015 克	0.008 克
磷	0.016 克	0.054 克	0.017 克	0.037 克	0.018 克	0.056 克	0.025 克	0.053 克	0.066 克	0.022 克
鈣	0.576 克	0.604 克	0.530 克	1.344 克	0.680 克	0.737 克	0.494 克	1.134 克	0.719 克	0.402 克
釩	0.03 毫克	0.08 毫克	0.05 毫克	0.04 毫克	0.02 毫克	0.08 毫克	0.17 毫克	0.07 毫克	0.07 毫克	0.04 毫克
錳	0.12 毫克	0.22 毫克	0.1 毫克	0.14 毫克	0.11 毫克	0.39 毫克	0.99 毫克	0.6 毫克	0.52 毫克	0.98 毫克
鐵	18.44 毫克	29.00 毫克	18.57 毫克	30.24 毫克	20.48 毫克	14.07 毫克	42.03 毫克	22.09 毫克	20.36 毫克	46.76 毫克
鈷	0.02 毫克	0.02 毫克	0.01 毫克	0.01 毫克	14.63 毫克	0.007 毫克	0.02 毫克	0.01 毫克	0.01 毫克	0.01 毫克
鎳	0.14 毫克	0.15 毫克	0.41 毫克	0.26 毫克	0.67 毫克	0.11 毫克	0.25 毫克	0.16 毫克	0.08 毫克	0.14 毫克
銅	0.58 毫克	0.66 毫克	1.1 毫克	0.56 毫克	1.39 毫克	0.45 毫克	1.61 毫克	0.52 毫克	0.35 毫克	1.22 毫克
鋅	1.04 毫克	51.36 毫克	1.79 毫克	1.74 毫克	2.41 毫克	1.54 毫克	3.4 毫克	2.62 毫克	3.23 毫克	1.4 毫克
硒	0.27 毫克	0.4 毫克	0.15 毫克	0.3 毫克	0.15 毫克	0.29 毫克	0.26 毫克	0.3 毫克	0.4 毫克	0.14 毫克
鉬	0.98 毫克	0.05 毫克	0.14 毫克	0.9 毫克	—	0.15 毫克	1.3 毫克	1.13 毫克	0.03 毫克	0.06 毫克
鋇	0.51 毫克	0.85 毫克	0.69 毫克	0.34 毫克	0.11 毫克	0.30 毫克	0.38 毫克	0.60 毫克	0.48 毫克	0.39 毫克
灰分	4.13 克	4.10 克	4.55 克	7.96 克	6.69 克	8.71 克	4.40 克	8.30 克	5.47 克	5.03 克

注：參考趙玲，馬紅偉，曹榮等 . 10 種海參營養成分分析 [J]. 食品安全質量檢測學報，2016，7（7）：2867-2872

勞。而海參具有「精氨酸大富翁」的稱號。

海參中鐵、鋅含量明顯高於其他微量元素。鋅是人體中含鋅酶的組成成分，在核酸和蛋白質代謝中發揮着重要的作用，與大腦發育有着密切的關係。鐵是血紅蛋白的主要組分，利於貧血、出虛汗、感冒、厭食等症狀的治療。

海參中還含有牛磺酸、菸酸、硫酸軟骨素等有機化合物，它們對促進人體生長發育、預防組織老化、促進傷口愈合、抑制癌細胞擴散等有一定功效。

保健功能

海參有「海底人參」之稱。中醫認為，海參性溫，味甘，有補腎益精、壯陽療痿、益氣補陰、通腸潤燥、消炎止血的功效。海參含有多種生物活性成分，其中較受關注的是海參皂苷、海參多醣、腦苷脂和海參多肽。

▲ 泡發的海參

海參皂苷是海參主要的次生代謝產物。已知的海參皂苷有 150 餘種，其主要的生理活性是具有細胞毒性、抗腫瘤、抗真菌等。海參皂苷還具有鎮痛、解痙的作用，有成為止痛、局部麻醉和抗痙攣藥物的潛力。

海參多醣中的酸性黏多醣由氨基半乳糖、葡萄糖醛酸等成分構成，具有抗腫瘤、抗病毒、免疫調節、抗氧化、降血脂、促進造血等多種生理活性。海參多醣還具有一定的延緩衰老的功效。

腦苷脂是細胞膜的結構成分，其主要的作用是參與細胞間的識別、跨膜信息傳導、細胞分化與生長及細胞形態結構與功能的維持等。海參腦苷脂對急性肝損傷和脂肪肝、營養性肥胖小鼠的糖代謝和脂代謝具有明顯的改善作用。

海參多肽具有良好的抗氧化、降血脂和抗疲勞的功能。另外，研究表明，海參多肽可以抑制腫瘤的生長，增強機體免疫力。

美食體驗

▲ 葱燒海參

魯菜中，葱燒海參是極具代表性的一道傳世佳餚。清代美食家袁枚曾經說：「海參無味之物，沙多氣腥，最難討好。」這充分描述了海參烹飪之難。如何吊起海參的鮮味是海參烹飪的關鍵。在烹飪海參的過程中用葱段爆香，輔以料酒、蠔油、生抽、冰糖調味，加入雞、火腿、干貝等熬製的高湯，再燜汁入味，稍加勾芡。海參圓潤飽滿，輕彈卻不失嚼勁，加上葱、醬汁味道的厚重濃郁，「葱燒海參」濃色表其外，濃味入其裏，達到了色、香、味俱全的效果。不得不讚嘆大自然造物的精奇與人類探索美食的智慧。

海參的做法還有很多，如海參蒸雞蛋、海參燒木耳、海參紅燒肉、海參排骨、海參蓮子黃米粥……各色食材均可同海參搭配，為人們帶來多樣的美食體驗。

▲ 原汁海參

▲ 海參小米粥

海參的選購

優質鮮海參圓潤、飽滿、鮮亮、有彈性、體壁厚薄均勻；刺參的肉刺完整。劣質海參體軟、發黏，體壁薄，顯得枯瘦；刺參的肉刺倒伏。

優質乾海參參體乾燥、完整，刺挺直；體壁厚，內無沙粒等雜質；經泡發後形態完好、組織緊緻、富有彈性。劣質乾海參體壁薄，鹽層厚於體壁，體內有較多的餘腸、沙粒等雜質；經水泡發或稍煮後組織無彈性。

海膽

它們是一類古老的生物，5.4億年前就已在地球上生活；它們是一類神奇的生物，多呈球狀或半球狀，體表密密麻麻地布有棘刺，常被誤認為是海底的一叢植物。它們是海膽。

海膽是棘皮動物門海膽綱動物的統稱，常被稱為栗苞刺、刺鍋子、刺海螺、海底刺球、海肚臍、海傘等；又因其行動起來像一隻刺猬，所以又有着「海刺猬」、「龍宮刺猬」的稱謂。海膽廣泛分布於各大洋。自寒帶至熱帶，從潮間帶的淺水區至水深5,000米處，都有其踪影。中國有海膽約100種，大多不可食用，可食用的只有10餘種。

人們食用的主要是海膽黃，也就是海膽的生殖腺。

每100克馬糞海膽生殖腺主要營養成分	
粗脂肪	2.34克
蛋白質	12.25克
總糖	5.59克
水分	64.20克
灰分	12.70克

注：參考牛宗亮，王榮鎮，董新偉等.馬糞海膽生殖腺營養成分的含量測定[J].中國海洋藥物雜誌，2009，28（6）：26-30

▲ 紫海膽黃

▲ 馬糞海膽和海膽黃

海膽生殖腺是一種高蛋白、低脂肪的健康食品，含有豐富的氨基酸。光棘球海膽生殖腺中至少含有17種氨基酸，其中包括9種人體必需氨基酸；賴氨酸、精氨酸、谷氨酸含量都很高，對預防心血管疾病、降低膽固醇及阻止血栓形成等有一定功效。此外，豐富的呈味氨基酸使得海膽味道鮮甜，可促進唾液分泌，極大地刺激食慾。

海膽生殖腺脂肪酸種類豐富。光棘球海膽生殖腺中脂肪酸至少有 31 種，蝦夷馬糞海膽生殖腺中脂肪酸至少有 24 種。海膽生殖腺脂肪酸多數為有益健康的不飽和脂肪酸，其中人體必需的多不飽和脂肪酸——花生四烯酸和 EPA 含量高，它們可以維持大腦、視網膜的正常功能和發育，具有抑制血小板凝聚、抗血栓、增強免疫力、益智健腦的功效，也有助於抑制炎症和糖尿病的發生。

海膽生殖腺還富含維他命 A、維他命 B_{12}、維他命 D、維他命 E 等。

保健功能

中醫認為，海膽生殖腺能安神補血、益心、強骨、補腎強精，明顯地促進性功能。民間將其視作上等補品，並譽其為「海之精」。

海膽棘殼粉是一味中藥。據中藥典籍記載，海膽棘殼粉具有「軟堅散結」、「化痰消腫」、治療「胸肋脹痛」等症的功用。經研究發現海膽棘殼中富含萘醌類色素，具有多種生物活性。這類色素可促進脾淋巴細胞的增殖，顯著增強腹腔巨噬細胞的吞噬活性，增強機體免疫力。有研究表明，光棘球海膽棘殼中多種蛋白質均具有抗腫瘤活性。另有研究發現，光棘球海膽棘殼和紫海膽棘殼的含鈣粗組分具有抗菌活性。

由某些海膽的叉棘和生殖系統產生的海膽毒素，具有多種生物活性，如引起溶血、降低動脈血壓等，具有潛在的藥用價值。

美食體驗

海膽黃味道清甜，入口順滑，其獨特的口感被人描述成「法式舌吻」。海膽黃既可用來製作壽司，也可以用來製作拌飯。炎熱的夏季，一碗晶瑩的米飯，配上滑嫩鮮美的海膽黃，輔以爽口的酸青瓜，讓人口舌生津。

▲ 海膽蒸水蛋

西式餐飲中，生吃海膽黃是一種美妙的體驗。海風駘蕩的 7 月，是海膽繁殖的季節。挑選新鮮的海膽，製作成海膽黃刺身。在海膽殼頂端清理出一個小口，小心掏出內臟，留下顆粒飽滿、色澤鮮亮的海膽黃。在海膽黃中淋上由檸檬汁、芥末醬、鹽混合而成的醬汁，輕輕搖勻，用小匙輕輕舀起。當舌尖接觸到海膽黃的瞬間，鮮美、清涼、爽滑感瞬間征服了味蕾。

海膽選購和保存小竅門

棘刺：一般情況下，棘刺粗並處於動態的海膽更為新鮮肥美。

生殖腺：顏色以亮黃色或者橙色為佳，味道以甜美為佳。若海膽黃已化為湯水並伴有腥臭味，說明已經變質。

嘴部：新鮮海膽嘴部飽滿且色澤鮮亮；不新鮮的海膽嘴部下陷並且顏色發暗。

重量：在海膽個頭一致的情形下，越重的越肥滿。

體色：海膽五顏六色，但色彩斑爛的海膽通常是有毒而不能食用的。

生吃的海膽，除新鮮外，還必須採自潔淨無污染的海域，以保證食用安全。

海膽暴露在空氣中半日至一日，海膽黃即變質，不能食用。所以，海膽要保存在海水中，即食即取。

新鮮的海膽黃應保存在 0℃～ 5℃的環境中。

海蜇

美好的夏日，明媚的陽光照耀廣袤的大海。它們款款而來，凌波浮動，宛若海中仙子，靈動輕盈；它們如真似幻，彷彿海中雲朵，時舒時展。然而美麗的背後隱伏着殺機，它們的刺細胞中儲存着毒液，讓人不寒而慄。它們是海蜇。

海蜇，是生活在海中的一種腔腸動物。海蜇上部傘狀，用以伸縮運動，名為海蜇皮；下部有口腕和觸手，名為海蜇頭；而海蜇的生殖腺，名為海蜇花。

每年夏末秋初，在遼東半島附近海域會出現衆多漁船齊發的陣仗，這是出海捕撈海蜇的時節。漁民不分晝夜地出海捕撈，將新鮮海蜇運回漁港，為人們的餐桌增添一道美食。

每 100 克海蜇皮主要營養成分	
總糖	0.6 克
蛋白質	1.1 克
水分	96 克
灰分	1.9 克

注：參考郝更新，楊燊，戴燕彬. 海蜇皮營養成分分析及膠原蛋白的提取[J]. 農產品加工（學刊），2011，（4）：65-69

◀海蜇皮

新鮮海蜇中，水約佔 96%。海蜇含有 30 多種脂肪酸，不飽和脂肪酸佔脂肪酸總量的 36% ～ 39%，其中 DHA、二十碳四烯酸和 EPA 含量較高。海蜇皮、海蜇頭和海蜇花中，人體必需氨基酸佔總氨基酸分別約為 29%、29% 和 37%。

海蜇皮、海蜇頭和海蜇花 3 個部位中含量最高的氨基酸都是谷氨酸，含量較高的氨基酸有天冬氨酸、甘氨酸和胱氨酸。天冬氨酸有止咳化痰、治療膽汁分泌障礙的功效；甘氨酸是人體內合成磷酸肌酸、嘌呤、血紅素等的主要成分，並能解除芳香族化合物的毒性；而胱氨酸有促進毛髮生長和防止皮膚老化的作用，還可輔助治療濕疹、燒傷等。海蜇皮、海蜇頭、海蜇花中鮮味氨基酸含量都很高，分別約佔總氨基酸的 47%、46% 和 41%。另外，海蜇花中賴氨酸含量比較高。海蜇中還含有鈣、磷、碘、鐵、鋅等。

活性物質

海蜇不僅是餐桌上的美味，同時也是一味良藥。古代藥學典籍記載海蜇「主治婦人勞損、積血帶下，小兒風疾丹毒、燙火傷」，能夠「補心益肺，滋咽化痰，去結核，行濕邪止咳除煩」。研究表明，海蜇含有類似於乙醯膽鹼的物質，這類物質能夠擴張血管，起到降低血壓的作用；而海蜇生殖腺的酶解提取物具有較強的抗氧化能力。

美食體驗

海蜇是較為親民的一道海鮮，中國古代就有食用海蜇的記載。新鮮的海蜇形體完整，圓潤嫩滑。將海蜇放入清水中浸泡清洗，切成條狀，並拌入老醋、蒜末、麻汁、青瓜絲、麻油等。這些佐料有的辛辣，有的香濃，有的鹹鮮，各式口味伴着滑潤彈牙的海蜇，讓人口舌生津。若放入冰箱冷藏一陣後食用，口感更是清爽透涼，讓人胃口大開。炎炎夏日，約上三五好友，點份鮮酸爽口的老醋蜇頭，來幾杯啤酒，真是人生一大美事！

當然，涼拌海蜇只是家常小菜中的一種。關於海蜇的菜餚還有很多，如海蜇雞柳、海蜇冬瓜湯、海蜇芝麻湯、苦瓜海蜇等，道道美味，食之讓人讚不絕口。

▲ 老醋海蜇頭

▲ 涼拌海蜇皮

水母的毒素

海蜇是水母的一種。水母外表美麗，但是卻有着毒素。它們觸手等部位分布有大量刺細胞，刺細胞內含有毒液。毒液成分複雜，主要是蛋白質、多肽等。當海蜇受到物理、化學、生物等因素的刺激時，盤曲的刺絲就會彈射出來，若穿入人的皮膚，刺細胞內的毒液經管狀的刺絲注入皮內，就會在局部引起皮炎。過量的毒素可致人死亡。水母傷人的事件屢有發生，所以，在海邊遊玩時，切勿與水母「親密接觸」。

動物毒素有着強烈的生理效應，也有着明顯的藥理學活性。可提取水母毒素的有效成分應用於臨床醫療。

安全篇

食用海鮮可能面臨安全隱患，這篇章告訴大家如何防患於未然，放心、愉悅地享受海鮮的美味。

話說海鮮食用安全

海洋美食是人類飲食文化中極具特色的部分。隨着社會經濟飛速發展，現代漁業、食品加工、烹飪技術和物流設施的不斷進步，人們可以品嘗到形形色色的海洋美食。海產品以更為豐富的形態、更加多樣的口味供應全國各地，其安全性自然也越來越受到人們的重視。

食用海鮮的安全隱患大致可分為三類，即物理危害、化學危害和生物危害。相較而言，化學危害與生物危害對人類健康的威脅更大，造成的後果也更嚴重。

物理危害主要在海鮮加工烹飪過程中產生，加工設備的老化及人工操作的失誤可能導致沙石、金屬碎屑等混在食物中，給食客帶來危害。隨着加工技術的進步和市場監管力度的加大，物理危害現已不多見。

化學危害根據來源不同可以分為海鮮中天然存在的化學物質（如組胺、過敏原和甲醛）引起的危害，環境污染（如重金屬和持久性有機污染物）導致的化學危害，某些食品添加劑（如亞硝酸鹽、亞硫酸鹽和多聚磷酸鹽）超量、超範圍添加引起的化學危害和養殖水產品濫用漁藥帶來的化學危害等。一些海鮮中組氨酸含量較高，如果存放時間過長，組氨酸會轉化為組胺，人食用後可引發食物中毒；有些魚類如狗肚魚自身產生甲醛；海洋生物養殖過程中的水質改善、病害防治以及加工過程中的消毒處理，都會用到化學藥物，這些藥物經體表或腸道進入海洋生物體內，產生殘留；許多化學製劑違法應用於海鮮加工中，雖起到防腐、防止水產品失水和氧化、改善產品色澤、提升產品風味等作用，

也可產生化學危害。而漁藥濫用、食品添加劑的不規範使用會給人類健康、生態系統和漁業的長遠發展帶來危害。另外，日益嚴重的海洋污染，如油污染、有機物污染和重金屬污染等，不可避免地影響着海鮮質量，進而影響消費者的健康。

海鮮常見的生物危害主要來源於細菌、病毒、寄生蟲以及生物毒素等。海鮮中的細菌，如弧菌、假單胞菌、希瓦氏菌、桿菌等，均可對人們的健康造成危害，其中最主要的是弧菌。有超過 12 種的海洋弧菌能夠引起人類疾病，副溶血弧菌最為常見。副溶血弧菌能夠引起腸胃炎，導致腹瀉甚至敗血症的發生。肉毒桿菌芽孢生命力頑強，且能產生已知毒性最強的毒素——肉毒桿菌毒素。海鮮中的病毒主要是杯狀病毒科、腺病毒科、小 RNA 病毒科和呼腸孤病毒科等的成員，其中最為常見的是杯狀病毒科的諾如病毒和小 RNA 病毒科的甲肝病毒。病毒易引起群體性疾病暴發事件，已知有超過 50 種的寄生蟲能夠引發人類疾病，海洋生物是多種寄生蟲的中間宿主，最為常見的寄生蟲有異尖線蟲、管圓線蟲和顎口線蟲等。這些寄生蟲通過消費者食用進入人體，引起人類疾病。海洋是藥物開發的寶庫。一些海洋生物體內含有毒素，許多生物毒素如河豚毒素、芋螺毒素、雪卡毒素等可沿食物鏈傳遞並在生物體內不斷蓄積，若被攝入人體內，即會嚴重威脅健康甚至導致死亡。

「安全篇」講述食用海鮮可能面臨的安全隱患，告訴你如何防患於未然，放心、愉悅地享受海鮮美味佳餚。

組胺

金槍魚（吞拿魚）、鯖魚、馬鮫魚、竹莢魚、秋刀魚等，因其營養豐富、口感嫩滑、味道鮮美，受到消費者的喜愛。它們具有「青皮紅肉」的特點。這類青皮紅肉魚極易導致食用者發生中毒，而這一切主要是「組胺」惹的禍。

組胺中毒事件，已經被人們長期關注。例如，美國在 1978 年至 1987 年短短 10 年間便發生了 157 起組胺中毒事件，中毒者達 757 人；1993 年至 1997 年發生的 140 起食物中毒事件中，組胺中毒事件高達 66 起。近年來，在中國，山東、浙江、廣東等多地都發生過組胺中毒事件。組胺中毒事件的頻繁發生，引起我們高度重視。

簡介

組胺是廣泛存在於動植物體內的一種生物胺，由組氨酸在脫羧酶的作用下脫羧而形成，通常貯存於組織的肥大細胞、嗜鹼性粒細胞等中。組胺在人體中發揮着重要的生理作用。例如，組胺可以收縮氣管、支氣管和胃腸道平滑肌；鬆弛小血管平滑肌，增加毛細血管通透性；刺激胃酸分泌，減慢房室傳導，增加心肌收縮力等。但是，若組胺攝入量超出人體承受劑量則會導致人中毒。

▲ 成群的鯖魚

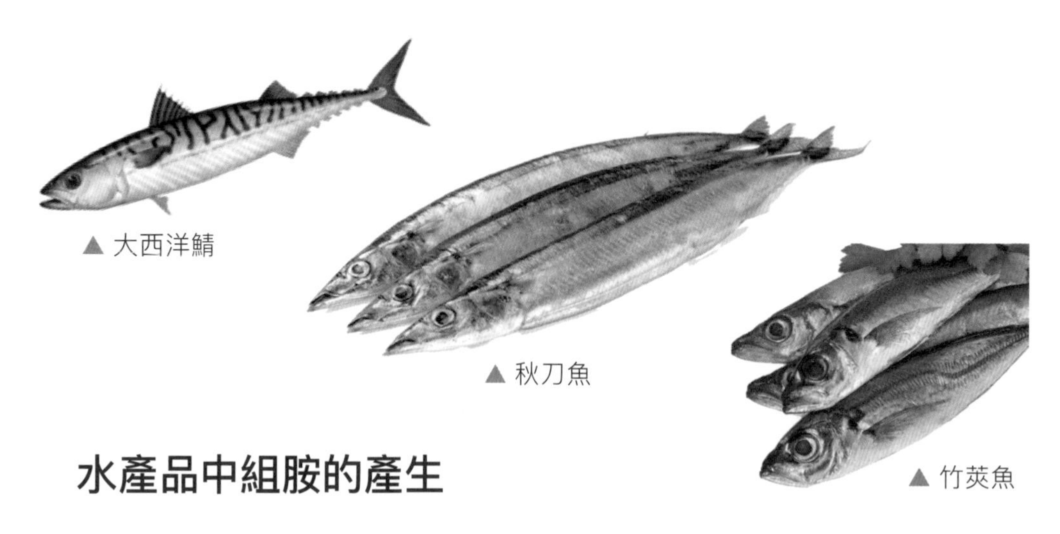
▲ 大西洋鯖
▲ 秋刀魚
▲ 竹莢魚

水產品中組胺的產生

食用青皮紅肉魚易引起食物中毒，是因為此類魚肌肉含血紅蛋白較多，體內組氨酸含量較高。魚不新鮮時，附着的組胺無色桿菌等細菌會大量繁殖，產生脫羧酶，催化組氨酸生成組胺。組胺積蓄到一定量，即可導致食客中毒。凡體內水分多、含氮物質高、游離氨基酸豐富的水產品，都易腐敗並產生組胺。

同時，人為因素也會導致組胺的大量產生。水產品在捕撈、裝卸過程中，受到摩擦、擠撞，可能發生脫鱗、斷肢、破殼等機械損傷。細菌從損傷部位迅速侵入水產品體內，大量繁殖，導致組胺的產生和積累。此外，運輸、加工過程中管理不善、操作不規範等引起的細菌污染，都會造成組胺的大量產生。

中毒症狀

組胺中毒的特點是發病較快，短者潛伏期只有5分鐘，長者潛伏期可達4小時。組胺中毒的突出症狀為頭痛、頭暈、臉紅、心慌、胸悶等，還可能出現眼結膜充血、視物模糊、口和舌及四肢發麻、嘔吐、腹瀉、血壓下降甚至哮喘。

▲ 沙丁魚群

▲ 鰹魚

預防與監管

在一定範圍內，溫度增高會加快細菌繁殖速度，導致組胺加速產生。所以，夏季是組胺中毒高發季節。而低溫冷藏可降低細菌繁殖速度，保持食品鮮度，防止組胺產生。為預防組胺中毒，切忌吃不新鮮的青皮紅肉魚。

首先，購買時應選擇活魚，或者在冷藏或冷凍條件下售賣的魚。

其次，購買後應及時處理。洗淨魚體後，需要將魚頭、內臟以及腹腔內的積血去除，及時烹調。如若冷藏，不宜超過 2 天。

很多國家都對組胺的檢出限量做了規定。在中國，《食品安全國家標準 鮮、凍動物性水產品》（GB2733–2015）中明確規定高組胺魚類的組胺含量不得超過 40 毫克 /100 克，其他魚類中的含量不得超過 20 毫克 /100 克。國際上，歐盟 2073/2005/EC 號《食品微生物標準》中明確規定在有高組胺的水產品中組胺檢測限量為 100 毫克 / 千克，在沒有經過酶催熟的、有高組胺的魚製品中，檢測限量為 200 毫克 / 千克。

當發現組胺中毒時，首先要進行催吐、導瀉，以排出體內毒物；其次可使用抗組胺藥，有效遏制中毒症狀。例如，可口服苯海拉明，或靜脈注射 10% 葡萄糖酸鈣，同時口服維他命 C。嚴重者應該及時去醫院救治。

組胺含量較高的水產品

最早發現的引起組胺中毒的魚類是鯖科魚類。組胺含量較高的魚類包括鮐魚、鰺魚、竹莢魚、鯖魚、鰹魚、金槍魚 (吞拿魚)、秋刀魚、馬鮫魚、沙丁魚、鯡魚、鳳尾魚、青槍魚、鯕鰍科魚類和鮭魚等。蝦、蟹、蜆（蛤蜊）、扇貝、魷魚也都有較多組胺檢出的報道。同時，一些發酵水產品，如魚糜、魚罐頭、蝦膠等，若滅菌不徹底，都可能含有過量組胺。

過敏原

食物過敏是廣受關注的食品安全問題之一。聯合國糧農組織劃定魚、甲殼動物、蛋、奶、花生、大豆、堅果和小麥為八大類致敏食品。亞洲地區約有 40% 的兒童及 33% 的成年人對水產品過敏。多個國家規定，含有過敏原的食品必須在食品標籤中標註。

過敏簡介

外來物質進入人體，機體會對其進行識別，若物質被「認定」為有害時，機體的免疫系統會做出反應，將其清除。但如果這種反應超出了正常範圍，即免疫系統對無危害性的物質如花粉、動物皮毛等過於敏感，發生免疫應答，對機體造成傷害，這種情況稱為變態反應，又叫過敏，也稱超敏反應。引起過敏的抗原物質稱為過敏原。

誘發過敏的原因可分為外因和內因。外因引起的過敏主要是因為某些物質，如食物、吸入物（如花粉等）、微生物以及昆蟲毒素、藥物（如磺胺、青黴素等）、異種血清等，通過食入、吸入、接觸及注射等途徑進入體內引起人體免疫系統發生異常反應。過敏內因則是我們常說的「過敏體質」，指某類人群的免疫系統存在缺陷，容易做出「不辨敵友、無端攻擊」的舉動，從而導致過敏的發生。

▲ 帶魚

過敏原 →（刺激）→ 機體 →（產生）→ 抗體 →（吸附）→ 某些細胞

某些細胞 ←（再次刺激）← 過敏原

→ 釋放物質

→（導致）→ 毛細血管擴張、血管通透增強
平滑肌收縮、腺體分泌增強

→ 全身過敏反應
（過敏性休克）

→ 消化道過敏反應
（食物過敏性胃腸炎）

→ 皮膚過敏反應
（蕁麻疹、濕疹、血管性水腫）

→ 呼吸道過敏反應
（過敏性鼻炎、支氣管哮喘）

▲ 海膽和魚子

水產品過敏原種類

按照水產品種類，可以將水產品過敏原分為魚類過敏原、甲殼動物過敏原、軟體動物過敏原；具體又包括小清蛋白、魚卵蛋白、原肌球蛋白、肌鈣結合蛋白、血藍蛋白亞基等。

魚、蝦、貝類是最常見的致敏水產品，其過敏原大部分為熱穩定、水溶性的醣蛋白。其中 95% 的魚類過敏患者的過敏症狀是由小清蛋白引起的。這是一種鈣結合蛋白。甲殼動物（如蝦類）、貝類過敏原多為原肌球蛋白。

預防與控制

過敏原因不明的患者應做一下過敏原篩查，有助於過敏的預防。

依據水產品過敏原蛋白的相關性質，可在加工過程中採用物理、化學及生物學的方法降低水產品及其配料的致敏性。研究表明，反復凍融可降低水產品致敏性；超高壓處理對凡納濱對蝦過敏原的活性有消減作用；超聲、輻照、酶解等都可以有效降低甲殼動物過敏原的活性；加熱焙烤也有助於降低食物的致敏性。有過敏史的人吃海鮮一定要注意加熱熟食。

食物過敏已引起科學界的廣泛重視，對食物過敏原的科學研究也在逐步深入，各種食品脫敏技術的應用也日漸成熟。將來，困擾人們的食物過敏現象必將得到有效控制。

甲醛

甲醛是一種有刺激性氣味的氣體，在人們的生活中幾乎隨處可遇，並悄無聲息地影響着人們的健康。

甲醛常見於建材、傢具，殊不知我們食用的有些海產品中也存在甲醛。食材中的甲醛從何而來，讓我們一起科學解密。

簡介

甲醛，為無色氣體，有刺激性氣味。甲醛可溶於水，濃度為 35% ～ 40% 的甲醛溶液俗稱福爾馬林。

甲醛製備簡單，在化學化工、木材工業、紡織業、建築業中得到廣泛應用，是人們在生活中極易接觸到的化學品。

甲醛具有殺菌、防腐、增白和增加組織脆性的作用。含有過量甲醛的食品會對人體產生嚴重的危害。中國明令禁止向食品中添加甲醛。

主要來源

生物在新陳代謝過程中會生成痕量甲醛。一些海洋生物死後，體內的氧化三甲胺會分解產生甲醛。某些海產魚類和甲殼類在冷凍期間會累積內源性甲醛。調查發現，狗肚魚（龍頭魚）、鱈魚、魷魚等水產品中含有較高的內源性甲醛。

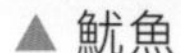
▲ 魷魚

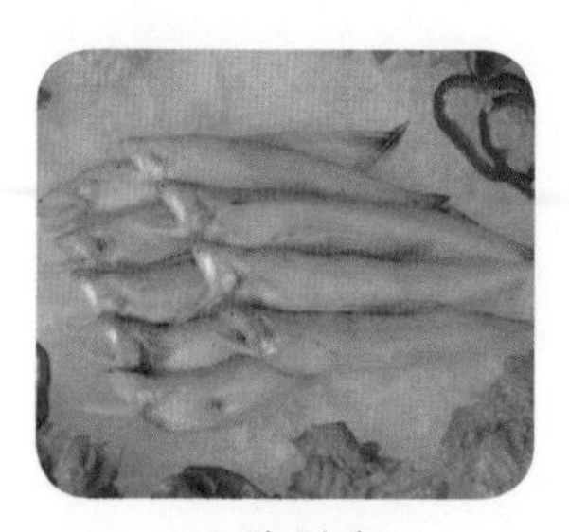

▲ 狗肚魚

▲ 鱈魚

一些不法商家向水發海參、水發魷魚、解凍銀魚等食品中添加甲醛，以達到改善食品外觀、延長保存時間及改善口感的目的。

除了非法添加，水產品在包裝過程中也可能產生甲醛。甲醛是合成密胺樹脂、尿酸樹脂、塗料及黏合劑的重要原料，用這類樹脂製作的水產品包裝材料、容器等長期與水產品接觸或受鹽浸腐蝕、加熱、老化等因素的影響，有可能溶出甲醛，造成水產品的二次污染。所以，不起眼的包裝袋也可能是水產品中甲醛的來源。

主要危害

甲醛，在常溫下表現為氣態。低濃度的甲醛對眼睛、鼻腔和呼吸道有刺激作用，主要表現為流淚、打噴嚏、咳嗽、結膜發炎、咽喉和支氣管痙攣等。此外，甲醛可導致皮膚過敏，誘發急性皮炎，嚴重者可引起皮膚潰爛。

甲醛可以通過食物進入人體，直接損傷人的口腔、咽喉、食道和胃黏膜，同時產生中毒反應。輕者表現為頭暈、咳嗽、嘔吐、腹痛等消化道症狀，重者出現昏迷、休克、肺水腫、肝腎功能障礙，甚至出現出血、腎衰竭和呼吸衰弱等症狀而死亡。

人體長期接觸低濃度甲醛，可導致神經系統、免疫系統、呼吸系統和肝臟的損害，出現頭痛、乏力、嗜睡、食慾減退、視力下降等症狀。甲醛還可導致DNA 損傷、突變，易引起癌症的發生。

預防與控制

調查監測結果顯示，乾製水產品和鮮活海產魚類、甲殼類、貝類中內源性甲醛平均含量依次下降。水產品中內源性甲醛含量範圍為 0.25 ～ 391.32 毫克 / 千克，平均值為 12.96 毫克 / 千克，中位值為 1.06 毫克 / 千克。這表明中國水產品中甲醛含量總體上處於較低水平。

違法添加甲醛的水產品的識別

一看。被浸泡過甲醛的銀魚，個頭比正常的大。其他魚類若用甲醛保鮮，則魚體表面看起來比較清潔，但魚目混濁。浸泡過甲醛溶液的魷魚，顏色更加鮮亮，表面的黏液減少。

二嗅。被甲醛溶液浸泡過的水產品，能嗅到輕微的刺激性氣味，與醫院裏的藥水味非常接近。

三摸。經甲醛溶液浸泡過的水產品捏起來比較硬實，摁壓魚體時感覺不到應有的彈性。若是銀魚、魷魚類，表面較光滑；蝦類則會變得又硬又脆，容易斷碎。

重金屬

在日本中部的富山平原上，一條名叫「神通川」的河流蜿蜒而行。它灌溉着兩岸的土地，哺育着兩岸的居民。然而自 20 世紀初開始，這裏出現一種怪病。初期，患者手、腳、腰部的關節疼痛，幾年後發生神經痛、骨痛，甚至連呼吸都會帶來難以忍受的痛苦。後期，患者骨骼軟化，骨質疏鬆，四肢彎曲，就連咳嗽都能引發骨折；全身疼痛無比，直至死亡。這種病得名「痛痛病」。後來研究確認，這種病是神通川上游的神岡礦山廢水污染引起的鎘中毒所致。自此，重金屬污染進入了人們的視野。

在孟加拉灣發生的地下水砷中毒是人類歷史上危害最嚴重、規模最大的重金屬中毒事件。數千年前的一次大洪水把喜馬拉雅山含砷的山石沖進了孟加拉灣，沿途有毒物質滲入土壤。成千上萬的孟加拉國人長期飲用含劇毒砷的地下水，衆多兒童中毒身亡。

可怕的重金屬污染，你瞭解多少呢？

簡介

一般將密度大於 4.5 千克 / 立方厘米的金屬歸屬為重金屬。環境污染所指的重金屬主要是汞、鎘、鉛、鉻和類金屬砷等生物毒性極強的化合物。大部分重金屬如汞、鎘等對生物體完全無益，小部分重金屬如銅、鉻則是生物體必需的微量元素，在維持機體正常生理功能中起着重要的作用。但這些人體必需的重金屬微量元素的量超過生物耐受限度時，會引起中毒反應。重金屬污染具有累積性、持久性，被動物攝入體內後，可沿着食物鏈逐級傳遞、聚集，並可與有機物結合成毒性更大的化合物。

常見重金屬及其危害

汞：汞是室溫下唯一呈液態的金屬，普遍存在於自然界。水產品中的汞以烷基汞等形式存在。其中，甲基汞毒性劇烈，易滲透血腦屏障，嚴重傷害神經系統，引起語言和聽覺障礙，嚴重者肌肉喪失協調性。水域中的汞主要源於含汞農藥的使用、工業生產廢料的排放等。

鉛：在地殼中，鉛多以硫化物和氧化物的形式存在。含鉛化合物在水中的溶解度小，常被水體中的懸浮顆粒和底泥吸附。進入動物體內的鉛隨血液分布，儲存於器官中，可引起神經炎等疾病。

鎘：鎘在自然環境中分布並不廣泛，主要以無機離子態形式存在，可被水中有機質吸附或與鐵、鋁、鎂的氧化物發生共沉澱。鎘進入生物體中，與金屬巰蛋白中巰基絡合，並主要以此有機結合態存在。鎘會損傷腎臟，引起骨質疏鬆、智力低下、反應遲鈍、貧血等疾病。

砷：砷在自然界分布廣泛。砷的毒性與其化學性質和價態有關。有機砷除砷化氫的衍生物外，一般毒性較弱。無機砷包括三價砷和五價砷。三價砷毒性劇烈，易引發癌變。五價砷的毒性弱於三價砷。

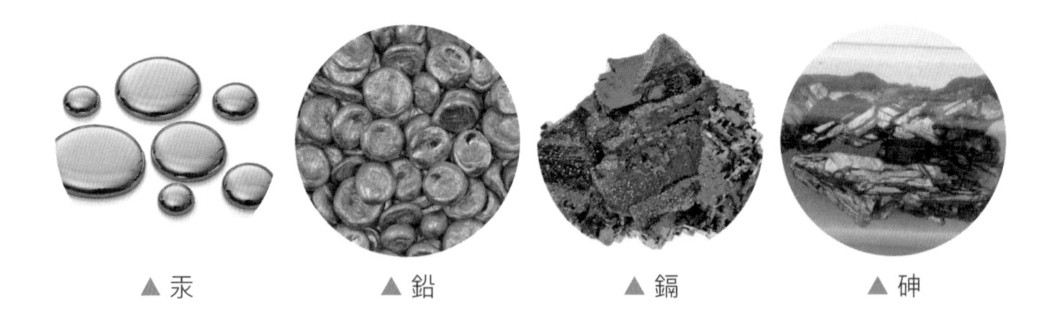

▲ 汞　▲ 鉛　▲ 鎘　▲ 砷

重金屬在海鮮中的聚集

水生生物通過呼吸、攝食、體表滲透等將重金屬聚集於體內。

魚類：重金屬在魚體不同組織和器官中的蓄積程度差別很大。實驗表明，魚類內臟聚集重金屬的能力明顯高於肌肉。在腦、眼、皮、肉、鰾和生殖腺等可食用部分中，腦和生殖腺是重金屬聚集的主要靶器官，肌肉中含量較低。

貝類：由於多數貝類底棲、濾食的習性和活動範圍小、遷移能力弱等特點，其對於環境污染通常缺乏規避能力，成為最易受污染的水生生物。貝類對金屬離子的聚集也有部位差異，例如：銅、汞等重金屬多聚集於內臟中，鋅、錳等多聚集於閉殼肌和生殖腺中。

甲殼類：甲殼動物對重金屬的聚集程度要明顯高於魚類，這是因為某些重金屬儲存在甲殼動物體內可滿足其生理需求，如二價銅離子在甲殼類動物血液中是氧的載體，但積累過多時，則會引起中毒。甲殼類體內重金屬含量也因部位而存有差異。螯蝦、對蝦等內臟對重金屬聚集能力均高於肌肉。

預防與監管

隨着人們對重金屬危害認識的深入，世界各國都對水產品中重金屬的殘留做了規定。各類水產品在進入市場前都會受到嚴格的檢查，有效的監管是人們購買到安全水產品的保障。

各國水產品重金屬限量標準對比（單位：毫克 / 千克）				
	鉛	鎘	甲基汞	無機砷
中國	魚類、甲殼類：0.5 貝類、頭足類：1.0	魚類：0.1 甲殼類：0.5 頭足類：1.0	非食肉魚類：0.5 食肉魚類：1.0	魚類：0.1 貝類:0.5～1.0 藻類：1.5
歐盟	魚肉：0.3 甲殼類：0.5 雙殼貝類：1.5 無內臟的頭足類：1.0	大部分魚類：0.05 鯛科魚類、沙丁魚類：0.1 圓舵鰹：0.2 鳳尾魚、劍魚：0.3 甲殼類：0.2 雙殼貝類和無內臟的頭足類：1.0	1.0	1.0
國際食品法典委員會	魚類：0.3	雙殼貝類、無內臟的頭足類動物：2.0	食肉魚：< 1.0 非食肉魚：< 0.5	
美國	甲殼類：1.5 雙殼貝類：1.7	甲殼類：3.0 貝類：4.0	魚類：0.5	甲殼類：76 貝類：86
韓國	魚類：2.0	貝類：2.0	魚類總汞限量：0.5 魚類甲基汞限量：1.0	

從根本上控制水體重金屬污染物，必須嚴格控制工業重金屬廢氣、廢水、廢渣污染物的排放，嚴格控制含重金屬農藥、化肥的使用，加大重點海域、養殖水體的監管力度，完善水產品檢測、監督管理體系，禁止重金屬污染超標海域水產品捕撈、養殖水產品銷售。

另外，食用海產品時可注意去除重金屬聚集程度高的部位，如蝦頭、貝類和部分魚類的內臟等。

需要說明的是，儘管海產品中可能存在重金屬超標現象，但由於人們對海產品的食用量較小，重金屬對人體造成的影響屬可控制，一般情況下人體自身的代謝系統也能將其代謝掉。

持久性有機污染物

1968 年 6 月到 10 月，日本九州大學附屬醫院接收了十幾位患病原因不明的皮膚病患者，病人初期症狀表現為突發性痤瘡樣皮疹、指甲發黑、皮膚色素沉着。此後全國各地陸續出現類似病人。至 1977 年，日本因此病死亡 30 餘人；1978 年，日本確診患者累計達 1684 人。日本衛生部門通過屍體解剖，在死者內臟和皮下脂肪中發現了多氯聯苯。進一步調查發現，這些化學物質來源於一家食用油加工廠。該工廠管理不善，工人操作失誤，致使供人們食用的米糠油中混入了在脫臭工藝中使用的熱載體多氯聯苯。這就是震驚世界的「日本米糠油事件」。多氯聯苯是持久性有機污染物的一種。在環境污染持續加劇的今天，持久性有機污染物因其影響廣、危害大的特點，引起了科學家和各國政府的高度關注。

簡介

持久性有機污染物是指具有環境持久性、生物蓄積性、長距離遷移能力和對生物體有負面效應的有機污染物。持久性有機污染物毒性強，具有較低的水溶性和較高的脂溶性，在自然環境中滯留時間長，極難降解，可通過各種環境介質（大氣、水、生物體等）長距離遷移，並沿着食物鏈蓄積，對人類和動物危害巨大，成為當今人們高度關注的污染物。

種類與危害

持久性有機污染物有數千種之多。

2001年，國際社會簽署了《關於持久性有機污染物的斯德哥爾摩公約》，同意在全球範圍內控制12種持久性有機污染物。這些持久性有機污染物分為有機氯農藥、工業用化學藥品及工業過程和固體廢棄物燃燒過程中產生的副產物三大類。2009年，又有9種持久性有機污染物被列入上述全球管控的黑名單。這21種持久性有機污染物為艾氏劑、氯丹、滴滴涕、狄氏劑、異狄氏劑、七氯、六氯苯、多氯聯苯、滅蟻靈、毒殺芬、多氯代二苯並－對－二噁英、多氯代二苯並－對－呋喃、α－六六六、β－六六六、商用五溴聯苯醚混合物和商用八溴聯苯醚混合物、開蓬、六溴聯苯、林丹、五氯苯、全氟辛烷磺酸和其鹽類以及全氟辛烷磺醯氟。

持久性有機污染物可影響人體各方面的功能發揮。例如，持久性有機污染物會影響人的免疫機能，使內分泌系統功能失衡，損害生殖系統；還具有致癌、致畸的風險；持久性有機污染物可通過母乳傳遞等影響下一代。

▲ 工業領域化學品製造

▲ 農藥使用

▲ 生活領域的燃燒

▲ 工業領域的燃燒和焚化

▲ 煙草的燃燒

主要來源

持久性有機污染物來源廣泛，工業、農業、生活等領域均有可能產生。工業生產領域的燃燒和焚化、化學品製造、工廠污水的排放；農業領域有機氯農藥的大量使用；生活領域中的採暖燃料、民用燃氣和煙草的燃燒，含氯的生活垃圾和醫院廢棄物的焚燒，這些都是持久性有機污染物的來源。

持久性有機污染物會在全球範圍長距離遷移，並進入動植物體內。從大氣到海洋，從湖泊、江河到池塘，從寒冷的南極大陸到荒涼的雪域高原，都可見其蹤迹；從苔蘚、穀物等植物到魚類、飛鳥等動物，甚至人奶、血液都可能成為其「窩點」。持久性有機污染物在動物體內蓄積，並通過食物鏈聚集而逐級放大。科學家在雙殼類、頭足類動物以及鱈魚、胡瓜魚、白鮭魚、梭鱸肌肉都曾檢測出持久性有機污染物，而這些被污染的海產品被人食用後都會危害人們的健康。

預防和控制

中國制定了《中國履行 < 關於持久性有機污染物的斯德哥爾摩公約 > 國家實施計劃》，學習借鑒國外持久性有機污染物削減控制技術和管理經驗。環境保護部門開展了全國持久性有機污染物調查工作，先後實施了滴滴涕替代示範、氯丹和滅蟻靈替代示範、多氯聯苯管理與處置示範、醫療廢物焚燒二噁英減排示範等國際合作項目。中國嚴禁工業違規排放，嚴格控制農業用藥，從源頭上遏制了持久性有機污染物的產生，取得了顯著成效。

對環境中的持久性有機污染物還可採用吸附、萃取、蒸餾等物理方法進行控制。物理法對污染物起到轉移、濃縮聚集的作用，如通過填埋、去表層土和通風去污等方法使污染物轉移。物理法常作為一種預處理手段與其他處理方法聯合使用。一些化學方法對持久性有機污染的去除更為高效、徹底，但是化學反應條件要求較高，成本大，大規模實際應用困難。生物學方法主要是通過植物和微生物的作用，將環境中的有機污染物降解成或轉化為無害物質。生物學方法作用時間長。要想達到預期目的，往往需要幾種方法聯合使用。同時，需要繼續開發清除徹底、無二次污染、成本低、適宜大規模應用的高新技術。

亞硫酸鹽和多聚磷酸鹽

魚、蝦、蟹、貝、藻……海洋將美味和營養賜予勤勞的人們，給人們帶來無盡的驚喜。人們在享用海洋的饋贈時，也在思考，在儲存、流通過程中如何儘量保持海鮮的品質。作為食品添加劑，亞硫酸鹽和多聚磷酸鹽在防止生鮮食品脫水、氧化、變色、腐敗方面有着不可替代的作用。

簡介

亞硫酸鹽和多聚磷酸鹽是常見的水產品保鮮劑。保鮮劑一方面抑制海產品表面微生物的生長，防止海產品腐敗變質；另一方面減少海產品的水分散失及氧化變色。

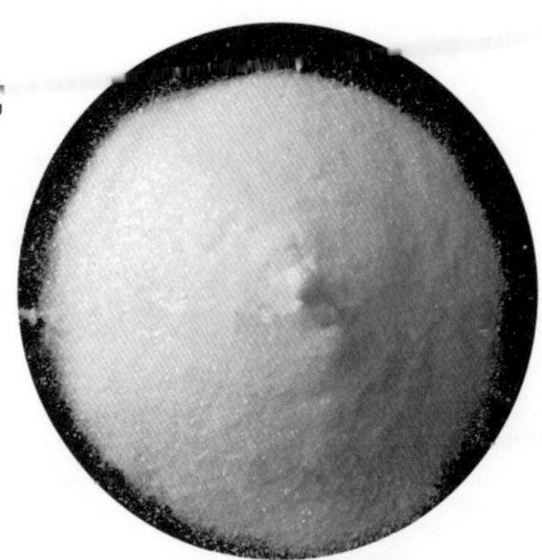

▲ 亞硫酸鹽

▲ 蝦皮

▲ 魷魚絲

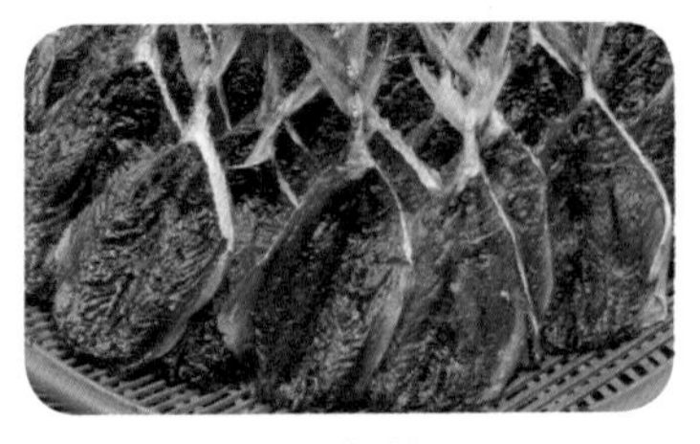

▲ 魚乾

▲ 魚罐頭

種類與危害

人為添加的亞硫酸鹽在水產品中以游離型和結合型的亞硫酸根離子形式殘留。蝦類製品（如凍蝦仁、烤蝦等）是亞硫酸鹽的一大應用領域。在蝦類製品的加工、貯存過程中，亞硫酸鹽有助於其品質和色澤的保持。魚類製品（如烤魚片、魚糜等）、頭足類製品（如魷魚絲等）也常用亞硫酸鹽漂白。

長期攝入亞硫酸鹽會破壞維他命 B_1、損害肝臟、造成腸道功能紊亂，易患多發性神經炎、骨髓萎縮、支氣管痙攣、哮喘等疾病。亞硫酸鹽還可致癌。

目前，複合磷酸鹽在世界各國應用廣泛。中國已批准使用的磷酸鹽共 8 種：三聚磷酸鈉、六偏磷酸鈉、焦磷酸鈉、磷酸三鈉、磷酸氫二鈉、磷酸二氫鈉、酸式焦磷酸鈉、焦磷酸二氫二鈉。複合磷酸鹽就是在食品加工中應用的兩種或兩種以上的磷酸鹽的統稱。

複合磷酸鹽可以有效降低海鮮肉質因脫水而韌化，減少海鮮因氧化而變色、變味，使其肌肉組織有更佳的保水性。過量使用磷酸鹽會使海鮮產生金屬澀味、口感粗糙、呈色不良；而且過多攝入磷酸鹽將危害身體健康。科學研究已經證實，磷酸鹽的過量攝入會導致腎結石等腎臟方面的疾病。

▲ 解凍後的海鮮

預防和控制

目前中國的食品安全法規中尚未具體規定水產品中亞硫酸鹽殘留量，在蝦類製品質量監督抽查中通常參考國際食品法典委員會的標準，即生製品可食性部分亞硫酸鹽的含量不大於 100 毫克 / 千克，熟製品的可食性部分亞硫酸鹽的含量不大於 30 毫克 / 千克。

歐盟規定冷凍水產品中磷酸鹽的最大使用量為 5000 毫克 / 千克，在水產品罐頭、魚糜腸類中的最大使用量為 1000 毫克 / 千克。國際食品法典委員會規定磷酸鹽在水產品中（冷凍水產品、熟製水產品、預製水產品、水產品罐頭等）使用限量均為 2200 毫克 / 千克。中國《食品安全國家標準食品添加劑使用標準》（GB2760–2014）規定在冷凍水產品和冷凍魚糜製品中的最大使用量為 5000 毫克 / 千克，在預製水產品和水產品罐頭中的最大使用量為 1000 毫克 / 千克。

養殖水產品使用的漁藥

2002 年，歐盟全面禁止進口中國的動物源性食品，原因是歐盟進口中國的蝦中氯黴素超標。2006 年，寧波慈溪某進出口公司的 27.5 噸凍烤鰻被檢測出硝基呋喃類代謝產物超標，遭到日本方面退貨，造成的損失高達 54.6 萬美元。這些巨額損失，都是漁藥殘留惹的禍。

水產養殖過程中的病害防治、運輸過程中的水質改善、加工過程中的消毒處理，都會用到一些藥物。這些藥物經體表或腸道進入水產品體內且不一定能被完全排出，從而蓄積在水產品內，即產生藥物殘留。漁藥的不規範使用帶來很多問題，如違禁藥物及過量藥物進入人體及環境，給人們的健康、漁業的長遠發展和生態系統帶來危害。

種類與危害

在中國，目前所使用的漁藥主要有消毒劑、水質（底質）改良劑、驅殺蟲劑、抗菌藥及中草藥五大類。

消毒劑約佔漁藥使用量的 35%。生石灰便是一種傳統的消毒劑，此外還有含氯消毒劑、含溴消毒劑、含碘消毒劑及醛類消毒劑。驅殺蟲劑可以殺滅寄生於水產動物體表或體內的生物，這類漁藥含有有機磷、咪唑類、重金屬以及某些氧化劑等。抗菌藥對病原菌具有抑制或殺滅作用，可用來治療細菌性傳染病，具體可分為天然抗生素（如慶大黴素、土黴素等），半合成抗生素（如利福平、氨苄西林等），以及人工合成的抗菌藥（如磺胺類藥物、喹諾酮類藥物等）。長期使用抗菌類藥物可能導致病原菌產生耐藥性。中草藥也有着廣泛的應用，其毒副作用較小。

在中國，常被檢測出有殘留的漁藥有磺胺類、喹諾酮類、四環素類、氯黴素類、硝基呋喃類和孔雀石綠。磺胺類、喹諾酮類、四環素類是中國允許使用的漁藥，而氯黴素類、硝基呋喃類和孔雀石綠在中國禁止使用。

磺胺類藥物是具有氨基苯磺醯胺結構的一類藥物的總稱。其進入人體後會與人體內蛋白質結合，輕者可能出現發熱、關節病及多種形式的藥疹（如蕁麻疹、紅斑等），嚴重的會出現剝脫性皮炎，甚至引起休克危及生命。

喹諾酮類藥物包括諾氟沙星、環丙沙星、氟甲喹。該類藥物可阻遏細菌細胞分裂，導致細菌死亡。在魚體內，喹諾酮類藥物較難清除。喹諾酮類藥物具有潛在致癌性，且可導致呼吸肌無力而危及生命。

四環素類抗生素包括四環素、土黴素、金黴素等，由放線菌產生，具有廣譜抗菌活性。人長時間攝入四環素殘留超標的食品後，會產生多種急、慢性中毒，導致多種器官的病變。該類抗生素會導致重複感染的發生，如鵝口瘡、尿道感染、黴菌性呼吸道炎、葡萄球菌腸炎等；同時也會引起脂肪肝、胰腺炎以及「四環素牙」等。

氯黴素類抗生素是一類包括氯黴素以及一系列氯黴素衍生物的廣譜高效抗菌藥物。該類抗生素對人的骨髓細胞、肝細胞具有毒性作用。

硝基呋喃類藥物對大多數革蘭氏陰性菌、革蘭氏陽性菌、真菌等病原體均有殺滅作用。該類藥物對人體有致癌、致畸等副作用。

孔雀石綠是三苯甲烷類化合物，可作染料，也可用以殺滅細菌、真菌、寄生蟲，可致人體癌變。孔雀石綠對水生生物的水黴病、鰓黴病、小瓜蟲病、指環蟲病、車輪蟲病、斜管蟲病等有很好的預防效果，且成本低，所以一些養殖者常違法使用。

預防與監管

▲魚苗

磺胺類：中國陸續頒布了《農產品質量安全法》、《動物防疫法》、《獸藥管理條例》、《飼料和飼料添加劑管理條例》等法律及規範。中國農業部第235號公告規定動物食品中磺胺類藥物總量不得超過100微克／千克。在各級部門的齊抓共管下，磺胺類藥物的使用日益規範。

喹諾酮類：美國等一些國家不允許這類藥物用於水產養殖業。歐盟在508/1999號法規中規定了喹諾酮類藥物的最高殘留限量：環丙沙星和恩諾沙星共30微克／千克，丹諾沙星300微克／千克，沙拉沙星10微克／千克，氟甲喹50微克／千克。中國水產養殖業中，喹諾酮藥物已經很少使用。

四環素類：中國及歐盟有關食品安全法規規定，四環素類抗生素在牛奶和動物肌肉中殘留總量不得超過100微克／千克；美國食品藥品監督管理局規定四環素、金黴素、土黴素在動物肌肉中殘留總量不超過2微克／千克。

氯黴素類：美國、歐盟、日本等都在不斷降低氯黴素的檢出限。例如，歐盟由原來規定的10微克／千克改為1微克／千克，繼而又降至0.1微克／千克，比原標準提高了100倍。在中國，規定氯黴素在動物性食品中不得檢出。水產品中氯黴素的違規使用已經得到了有效遏制。

硝基呋喃類和孔雀石綠：中國於2010年3月22日將硝基呋喃類藥物呋喃唑酮、呋喃它酮、呋喃妥因、呋喃西林列入違法添加的非食用物質黑名單。農業部多次採取專項治理行動，重點打擊水產養殖及育苗過程中使用孔雀石綠、硝基呋喃類代謝物、氯黴素等禁用藥物。國務院辦公廳印發了《2016年食品安全重點工作的安排》，開展「三魚兩藥」（鱖魚、大菱鮃和烏鱧養殖中非法使用孔雀石綠、硝基呋喃）的治理工作。目前，水產品中硝基呋喃類藥物和孔雀石綠的違規使用得到有效的治理。

▲ 醃魚

副溶血弧菌

1950 年，日本大阪發生了第二次世界大戰以後最嚴重的集體食物中毒事件。患者都食用了青魚乾，隨後出現劇烈腹痛及下痢症狀。最後統計共有 272 人發病，其中有 20 人死亡。1953 年，大阪大學的藤原恒三郎教授從魚乾樣品中分離到一種新細菌——腸炎弧菌。1963 年，日本國立傳染病研究所證明了此種細菌屬弧菌屬，將其名稱改為副溶血弧菌。在許多沿海國家，副溶血弧菌成為導致細菌性食物中毒的首位病原菌。

簡介

副溶血弧菌屬弧菌科弧菌屬，為革蘭氏陰性菌，是一種嗜鹽性細菌，廣泛存在於海水、海底沉積物以及各種海鮮中。該菌通常呈弧杆狀、杆狀；有鞭毛，具有運動能力；不產芽孢；最適宜的生長條件為 30℃～ 37℃，pH7.5 ～ 8.5，鹽度 2% ～ 3%。副溶血弧菌生命力強，在抹布和砧板上可存活 1 個月以上，海水中可存活 40 多天。

主要來源

副溶血弧菌在海洋中廣泛存在。通過海鮮如魚、蝦、蟹、貝、海蜇等，進入食用者的體內。副溶血弧菌主要存在於海產動物的體表或者腸道內。中國華東地區沿海水中的副溶血弧菌檢出率為 47.5% ～ 66.5%。近年來隨着海鮮市場流通便捷性的提高，內地也時有副溶血弧菌所導致的食物中毒事件發生。副溶血弧菌還可存在於鹽分含量較高的醃製食品中，如鹹菜、醃魚等。食用肉類或蔬菜而致病者，多是食物容器或砧板被污染的緣故。加工海鮮的案板上副溶血弧菌的檢出率高達 87.9%。

▲ 三文魚和三文魚肉

種類與危害

副溶血弧菌種類繁多，採用菌體的 O 抗原和莢膜的 K 抗原來進行血清分型，已區分出 13 個 O 群 (O1 ～ O13) 和 71 種 K 型；目前，O 群與 K 型的組合已發現有 75 種。1996 年，印度的加爾各答市發現了一種獨特的 O3:K6 血清型。該血清型迅速在亞洲以及美洲的多個國家蔓延，危害很大。

副溶血弧菌感染可引發急性腸胃炎、傷口感染和敗血症。腸胃炎主要表現為胃部痙攣、嘔吐、腹瀉和發低燒等。此類症狀可持續 3 天左右，患者一般無須治療即可康復。但是若病情持續得不到緩解，患者可能會發生脫水、皮膚乾燥及血壓下降，甚至休克；少數病人可能出現神志不清、痙攣等現象，搶救不及時可能死亡。傷口感染主要發生在漁民帶傷捕魚的情況下。副溶血弧菌進入血液並散布到全身，引發敗血症，最終導致失血性休克、全身多器官衰竭，甚至發生死亡。肝病、糖尿病、癌症患者以及剛做過手術的人感染副溶血弧菌後，更容易發生敗血症。

副溶血弧菌感染者僅在患病初期病原菌排放較多，其後細菌排放迅速減少，所以不會因感染者散布病原菌而造成疾病大範圍暴發。

預防與控制

溫度低於 4℃時，副溶血弧菌生長停止。因此，鮮活海鮮短期貯藏於 4℃以下，長期貯藏於 –20℃以下，可有效控制副溶血弧菌的繁殖。加熱處理也是有效的滅菌手段。100℃加熱 1 分鐘即可殺死副溶血弧菌；但 80℃加熱則需 15 分鐘才行。為了避免感染副溶血弧菌，建議將水產品徹底加熱後再食用。

副溶血弧菌在 pH 低於 6.0 的酸性環境中生長受抑制。在烹飪過程中加適量食醋有助於抑制副溶血弧菌。

處理和加工海鮮時應注意生熟分開，避免交叉污染。此外，加工海鮮的案板上副溶血弧菌的檢出率極高；因此，加工海鮮的器具必須嚴格清洗、消毒。

若不慎感染副溶血弧菌，需要及時就醫治療以利於病情的控制。

肉毒桿菌

它是已知的毒性最強的蛋白質之一，可用於研製生化武器；但它又具有神奇的祛皺功效，成為美容界的寵兒。這種集「魔鬼」與「天使」於一身的物質就是肉毒桿菌毒素。它是由一種致命菌——肉毒桿菌產生的。

簡介

肉毒桿菌，是一種分布廣泛的革蘭氏陽性厭氧芽孢菌。其芽孢在水、土壤和動物的糞便中都有存在。水和土壤中的芽孢，是造成食物污染的主要來源。肉毒桿菌在厭氧環境下能夠大量繁殖，產生毒性蛋白——肉毒桿菌毒素。肉毒桿菌毒素可危害控制肌肉收縮的神經，致使全身肌肉麻痹，進而導致血壓下降、意識喪失甚至呼吸停止。

肉毒桿菌生長的適宜溫度為 25℃～ 37℃，適宜 pH 為 6 ～ 8.2。當 pH 低於 4.5 或超過 9、溫度低於 15℃或超過 55℃時，肉毒桿菌無法繁殖和產生毒素。食鹽能抑制肉毒桿菌的生長和毒素的產生，但不能破壞已生成的毒素。

肉毒桿菌芽孢生命力很強。乾熱 180℃（5 ～ 15 分鐘）、濕熱 100℃（5 小時）、高壓蒸汽 121℃（30 分鐘），才能殺死肉毒桿菌芽孢。

日益普及的真空包裝食品及罐裝食品，如火腿、香腸、魚罐頭等，提供了一個厭氧且營養豐富的環境。這類食品在製作過程中一旦被肉毒桿菌污染，且在食用前沒有經過充分加熱等消毒處理，就存在導致食物中毒的巨大風險。

種類與危害

根據所產生的毒素的抗原性不同，肉毒桿菌可分為 7 種類型：A、B、C（Cα 和 Cβ）、D、E、F、G。能致人中毒的有 A、B、E、F 四個類型，其中以 A 型和 B 型最為常見。G 型肉毒桿菌極少被分離到。中國為肉毒桿菌食物中毒大多是由 A 型肉毒桿菌引起的。

肉毒桿菌可產生已知最劇烈的毒素，毒性是有機磷神經毒劑 VX 的 1.5 萬倍和沙林的 10 萬倍。肉毒桿菌毒素並非由活細菌釋放。細菌細胞內產生的是無毒的毒素前體。細菌死亡自溶後，毒素前體游離出來，被腸道中的胰蛋白酶等激活後方具有毒性。肉毒桿菌毒素能抵抗胃酸和消化酶的破壞，在正常胃液中 24 小時仍具毒性，且可以被腸道吸收。肉毒桿菌進入人體後，潛伏期為 18 ～ 72 小時。感染者先感到乏力、頭痛，隨後出現複視、斜視、眼瞼下垂等症狀，之後咀嚼、吞咽困難，進而呼吸窘迫。

預防和控制

使用疫苗是預防肉毒桿菌毒素中毒的較為有效的辦法。而針對肉毒桿菌毒素的抗體對治療肉毒桿菌中毒也有一定的效果。此外，能夠抑制肉毒桿菌毒素活性的拮抗劑的研發也成為學者關注的焦點。

肉毒桿菌是一種厭氧菌，氧氣越充足的地方，肉毒桿菌就越難以生存。而且細菌本身和肉毒桿菌毒素均不耐高溫；所以只要對食物進行充分加熱，肉毒桿菌便不足以威脅人類健康。

▲ 宜進食經充分加熱的食物

目前中國尚未頒佈有關肉毒桿菌毒素的食品檢測規定。因此，人們在日常生活中更要注意，防止食物被其污染，拒絕食用過期變質的食物，尤其是罐頭製品。

▲ 要避免進食過期魚罐頭

肉毒桿菌毒素的應用

肉毒桿菌毒素讓人們談之色變的毒性並不能阻擋人們對其開發和應用。在醫學界，肉毒桿菌毒素能在神經肌肉接頭處阻滯神經末梢釋放神經遞質乙醯膽鹼，使肌肉麻痹。因此，可用於治療肌肉過度或異常收縮引起的疾病，如面部抽搐、眼肌痙攣等。而且，肉毒桿菌在美容界已廣泛應用。肉毒桿菌除皺術主要是治療早期皺紋，特別是額頭紋、眉間紋和魚尾紋，適用於35歲以下的女性。

肉毒桿菌毒素祛皺作用的發現

肉毒桿菌在醫學界最早被應用於治療因眼部肌肉痙攣產生的眼球震顫，1987 年，一位名叫卡露瑟斯的女醫生在用肉毒桿菌治療她的病人時，驚奇地發現患者眼部的皺紋淡了，她將這一發現告訴了作為皮膚科醫生的丈夫；於是這位皮膚科醫師嘗試將低劑量的肉毒桿菌注射到其助理的臉部，結果成功去除了助理眉間的皺紋。肉毒桿菌的美容祛皺作用就這樣被人們發現，並逐漸被引用到整容手術中。

甲型肝炎病毒

▲ 毛蚶殼

由甲型肝炎病毒（簡稱甲肝病毒）引起的甲型肝炎（甲肝）是人畜共患的世界性傳染病。全世界每年發病者超過 200 萬人。早在 20 世紀 50 年代，科學界就已經認識到食用海鮮可感染病毒性疾病。1955 年瑞典暴發甲肝，並確認是食用污染的蠔（牡蠣）所致。在中國上海市，1988 年甲肝暴發流行，約 30 萬人染病，這是由於食用不潔毛蚶引起的。英國東南部約 25% 的甲肝與食用貝類有關。

簡介與來源

甲肝病毒是小 RNA 病毒科的一員，屬肝病毒屬。甲肝病毒呈對稱 20 面顆粒狀，直徑 27 ～ 32 納米。甲肝病毒不會因地理位置或細胞培養條件等發生較大變異。甲肝病毒對醛類、碘類、過氧化物及環氧乙烷等消毒劑和紫外線、微波、γ 射線等較敏感；但對酸、醇、醚、氯己定等有一定耐受性。100℃沸水中處理 1 分鐘以上，甲肝病毒即可被滅活。但滅活存在於食物或衣物中的甲肝病毒則需延長加熱時間。甲肝病毒低溫下可長期存活，其傳染性亦不被破壞。

甲肝病毒能夠隨着生活污水進入海洋，並且能夠在海水中存活數周之久，通過污染水源、海鮮、食具等可造成甲肝散發性流行或暴發流行。貝類是濾食性動物，能夠將周圍水環境中的甲肝病毒聚集在體內，在消化腺中積累。科學家在遠離海岸 12 海里、水深 10 多米處採集的貝類腸道中曾分離出甲肝病毒。

傳播與危害

甲肝病毒主要經糞一口途徑傳播，經血途徑傳播機會甚少。一般情況下，日常生活接觸是散發性發病的主要原因；因此在幼兒園、學校、紀律部隊等團體中甲肝發病率高。甲肝病毒可通過水和食物傳播，而貝類等是甲肝暴發流行的主要傳播載體。

甲肝的臨床表現多從發熱、疲乏和食慾不振開始，繼而出現肝腫大、壓痛、肝功能損害，部分患者可能出現黃疸。甲肝病毒經糞一口途徑侵入人體後，先在腸黏膜和局部淋巴結增殖，後進入肝臟，使肝細胞受損。隨着血清中特異性抗體的產生，病毒會逐漸失去活性，傳染性也逐漸消失。

預防控制與治療

中國在控制甲肝方面已經取得顯著的成就，甲肝病毒減毒活疫苗在中國已應用 20 餘年。注射疫苗是有效的預防手段。

貝類是甲肝病毒的主要傳播媒介，這與人們生食或加熱不徹底即食用密切相關。在食用貝類時充分加熱可降低感染病毒的風險。對一些自身易攜帶致病菌的食物如貝類、蟹類等海鮮，食用時一定要煮熟蒸透。

甲肝是自限性疾病，應避免飲酒、疲勞和使用損肝藥物。其治療強調患病初期臥床休息，至症狀明顯減退，可逐步增加活動，以不感到疲勞為原則。急性黃疸型肝炎應住院隔離治療。

諾如病毒

1968 年，美國俄亥俄州諾瓦克鎮一所學校發生了一則集體性腹瀉事件。科學家從患者糞便中分離出一種新的病原——諾如病毒（最早被命名為諾瓦克病毒）。2006 年，日本、新加坡、意大利等地相繼暴發了與食用貝類有關的諾如病毒集體感染事件。特別是日本，不到兩個月累計有 35.76 萬人感染了該病毒。1995 年，中國報道了首例諾如病毒感染事件。近年來，在中國，諾如病毒的暴發性傳染日益嚴重，尤其是在兒童群體中；諾如病毒是引起非細菌性腹瀉暴發的主要病原。

簡介

諾如病毒為杯狀病毒科的單股正鏈 RNA 病毒，球形，其直徑為 26 ～ 35 納米，無包膜，表面粗糙。根據基因組的聚合酶區和衣殼蛋白區序列，諾如病毒被分為 G Ⅰ、G Ⅱ、G Ⅲ、G Ⅳ、G Ⅴ 五種類型。G Ⅰ、G Ⅱ 和 G Ⅳ 型可感染人類，其中 G Ⅰ 和 G Ⅱ 型諾如病毒是引起人急性胃腸炎暴發的主要病原，10 ～ 100 個病毒粒子即可引發感染。諾如病毒感染具有發病急、傳播速度快、涉及範圍廣的特點。

▲ 蠔（牡蠣）

病毒來源、傳播及危害

諾如病毒可通過糞便、水體、食物途徑傳播，感染各年齡組人群。雙殼貝類如蠔（牡蠣）、扇貝、毛蚶、花蛤、血蚶、竹蟶、圓蛤等均是諾如病毒常見的宿主。雙殼貝類屬濾食性動物，易受到環境污染的影響。水中的病毒、細菌等微生物通過貝類攝食，不斷聚集於貝類的消化道，使得貝類成為腸道微生物的傳播媒介，易引起傳染病的發生。

在人口密度較高的地方，如學校、醫院、護老院、紀律部隊等封閉或半封閉社區，諾如病毒導致的急性胃腸炎容易大面積暴發。

諾如病毒感染人體後，潛伏期一般為 24 ～ 48 小時，最長 72 小時。感染者發病突然，主要症狀為發熱、嘔吐、腹痛和腹瀉。兒童患者症狀多為嘔吐，成年患者症狀則以腹瀉居多。諾如病毒還可導致頭痛、寒戰、肌肉痛甚至脫水等症狀。

▲ 竹蟶

預防與監管

諾如病毒在動物體外無法增殖。糞便等污染物隨水流入近海，致使入海口處和淺水域成為病毒污染的風險區。故應儘量選食深海貝類或遠離入海口養殖的貝類，以降低感染諾如病毒的風險。

▲ 扇貝

濾食性貝類能夠從水中聚集諾如病毒，是扇貝諾如病毒重要的傳播媒介。諾如病毒不耐熱，充分加熱可將其滅活。所以，烹熟食物是預防諾如病毒感染的有效手段。

養成良好的衛生習慣。用肥皂洗手是預防諾如病毒感染的有效方法。

萬一感染了諾如病毒，一般只需要避免脫水，好好休息就不會有大問題。緩解脫水症狀不能僅靠喝白開水，因腹瀉流失的電解質（鹽分）也需要補充。如果病症加重，一定要去醫院就診。

抗生素可用於治療諾如病毒感染嗎？

抗生素對諾如病毒毫無作用，還會幫倒忙。因為諾如病毒不怕抗生素，而抗生素還會殺死腸道內的正常菌群，造成腸道菌群紊亂，進而加重腹瀉。

▲ 要在有信譽的店舖才進食壽司

異尖線蟲

▲ 生魚肉

異尖線蟲又名海獸胃線蟲，是海產品中對人體危害較大的一類寄生蟲。1960 年荷蘭首次報道人感染異尖線蟲的病例，並指出這種病原體可寄生於海魚，隨後大量病例被發現。人感染異尖線蟲的病例見於全球 20 多個國家，其中日本病例最多，其後依次為韓國、荷蘭、法國、德國；其他國家如美國、英國、挪威等也有報道。中國已報道多種海魚有異尖線蟲寄生，但尚未見人感染異尖線蟲的病例，可能與較少生食海魚有關。1993 年，異尖線蟲病被列入《中華人民共和國禁止進境的動物傳染病、寄生蟲病名錄》。

異尖線蟲呈全球性分布，在海洋動物體內廣泛存在。海魚中異尖線蟲的高感染率以及食用生魚片風尚的興起，使人極易感染異尖線蟲，需引起人們的高度重視。

簡介

異尖線蟲病為蛔目異尖科異尖亞科中某些種的幼蟲感染引起。海魚體內異尖線蟲幼蟲活體為黃白色，口唇還未發育完全。

異尖線蟲成蟲寄生於海洋哺乳動物消化道中，蟲卵隨終宿主糞便排入海水，孵化並發育成營自由生活的第一期幼蟲。第一期幼蟲蛻皮一次變成第二期幼蟲，被第一中間宿主——磷蝦等甲殼動物吞入，在其體內發育為非感染性第三期幼蟲。甲殼動物體內的異尖線蟲幼蟲多以自由狀態存在，並不結囊。海魚及某些軟體動物如烏賊食入帶蟲的第一中間宿主，成為異尖線蟲的第二中間宿主。這些非感染性幼蟲在第二中間宿主體腔中轉化為感染性幼蟲，並在其周圍形成白色纖維囊。若第二中間宿主被終末宿主吞食，即在終末宿主胃黏膜上逐漸發育成第四期幼蟲和成蟲。

▲ 魚生

主要來源

四五十種海洋哺乳動物、300 多種海魚及軟體動物、20 餘種甲殼動物都是異尖線蟲的潛在宿主。異尖線蟲幼蟲多寄生於魚的肝、腸、肌肉等部位，在牙鮃、黑頭魚、魷魚、鯡魚、鱈魚、鮭魚、鮐魚、帶魚、鰻魚、黃花魚、沙丁魚、秋刀魚和烏賊中廣泛存在，其中牙鮃、黑頭魚、魷魚、鯡魚、鱈魚感染率最高。在中國四大海域，有數十種魚體內寄生有異尖線蟲。其中南海魚類和渤海魚類中異尖線蟲幼蟲的檢出率分別為 60.2% 和 55%，說明這兩個海域中的魚類異尖線蟲攜帶率相當高。值得注意的是，現在淡水魚中也有異尖線蟲檢出的報道，對人類生活又將造成新的威脅。

主要危害

人們誤食生有異尖線蟲的魚等海產品，可感染異尖線蟲病，並且感染部位不同表現出不同的症狀。

胃異尖線蟲病：上腹部疼痛或絞痛反復發作；常伴有噁心、嘔吐；少數還會出現下腹疼痛，偶爾會發生腹瀉。

腸異尖線蟲病：多發生在誤食攜帶異尖線蟲的食物後1～5天內，突然出現劇烈的腹痛、腹脹、噁心、嘔吐、低熱，繼而出現腹瀉。

食道異尖線蟲病：感染後感覺心窩疼痛、胸骨下刺痛，噯氣。在食道下段會發現白色蟲體。

腸外異尖線蟲病：異尖線蟲幼蟲進入腹腔，移行至肝臟、胰腺、腸繫膜、卵巢、口腔黏膜等，引起腹膜炎嗜酸性肉芽腫和皮下腫塊。

預防與監管

預防異尖線蟲病的最好辦法是不生食水產品。異尖線蟲對低溫和高溫的適應能力較差。通常情況下，55℃加熱10～60秒或60℃加熱數秒即可將其殺死。因此，充分加熱水產品可避免被異尖線蟲感染；也可以選擇冷凍法殺死異尖線蟲。歐盟規定生食海產品前，海產品必須在 –20℃凍藏至少24小時；美國食品藥品監督管理局要求，海產品如若不經60℃以上的熱處理，則必須在 –35℃凍藏15小時或在 –23℃存放至少168小時（7天）後方可食用。

目前尚無治療異尖線蟲病的特效藥物；應及早檢查，發現蟲體後立即鉗出。對腸異尖線蟲病採用保守療法，在抗感染與抗過敏處理的同時密切觀察病情，一旦發現有腸穿孔、腹膜炎或腸梗阻等併發症，應立即手術治療。

▲ 生魚肉

貝類毒素

「海中牛奶」蠔（牡蠣）、「天下第一鮮」文蛤、「餐桌上的軟黃金」鮑魚……貝類家族中的很多成員在美食界都享有盛名。但是，食用貝類而中毒的情況時有發生，這使得人們在享用這些美味時有所顧忌。貝類毒素——一類小分子化合物，就是人們需提防的主要對象。

▲ 海貝

主要來源

如果你認為貝類毒素是貝類自身產生的，那就錯了。製造這類「毒藥」的是海洋中體型微小到人肉眼無法辨識的、可導致赤潮暴發的微藻。在目前已知的海洋微藻中，可產生毒素的就有近百種，主要為甲藻和矽藻，尤以甲藻居多。無辜的貝類攝食這些有毒微藻後，毒素在體內聚集，最終威脅到食客的安全。

▲ 矽藻

▲ 竹蟶

▲ 貽貝

種類與危害

根據中毒症狀的不同，貝類毒素傳統上被劃分為四大類：麻痹性貝類毒素、腹瀉性貝類毒素、遺忘性貝類毒素和神經性貝類毒素，其中麻痹性貝類毒素和腹瀉性貝類毒素是中國貝類中毒事件的主要兇手。

麻痹性貝類毒素主要由渦鞭毛藻、蓮狀原膝溝藻、塔馬爾原膝溝藻等甲藻產生，是世界上毒性最強、引起中毒事件頻率最高的貝類毒素。有一種石房蛤毒素，毒性竟是眼鏡蛇毒素的 80 倍。當人們食用含有這種毒素的貝類後，會發生神經性中毒的症狀。中毒後的半小時內，人會感覺嘴唇刺痛或麻木，這種感覺會逐漸擴散到面部和頸部，並伴隨頭暈、噁心、腹瀉等症狀。嚴重的，還會出現肌肉麻痹、呼吸困難，甚至死亡。

迄今發現有 10 餘種腹瀉性貝類毒素，主要由鰭藻屬和原甲藻屬中的有毒甲藻產生。當人們食用含有這類毒素的貝類後，會出現腹瀉、腹痛、嘔吐等症狀。有一些腹瀉性貝類毒素通過作用於人體的酶類系統而影響生理功能，有一些則會對肝臟或心肌造成損害。

遺忘性貝類毒素主要由菱形藻屬和擬菱形藻屬的矽藻產生。人們食用含有這類毒素的貝類後，會出現腹痛、腹瀉、眩暈、昏迷、記憶短暫喪失等症狀。人類對該毒素可耐受的最大限量為 20 毫克 / 千克。美國、加拿大等國家制定的安全食用標準為每克可食用貝類組織中遺忘性貝類毒素含量不超過 20 微克。

神經性貝類毒素主要由短裸甲藻產生，多聚集於簾蛤和巨蠔（牡蠣）體內。和以上幾種貝類毒素相比，神經性貝類毒素中毒事件較為罕見。其毒性小，雖然會使人產生氣喘、咳嗽等以神經麻痹為主的症狀，但未見有致死的報道。

▲ 毛蚶

預防與監管

目前，尚無有效的貝類毒素解毒劑，因此預防貝類毒素中毒事件的發生尤為重要。有毒微藻大規模、急劇增殖後，暴發有害赤潮。毒素會在生活於該海域的貝類中迅速累積。所以，應避免食用該海域出產的貝類。

貝類毒素更喜歡「窩藏」在貝類的消化腺中。含有毒素的扇貝中，消化腺中的毒素含量是扇貝柱（閉殼肌）中的數十倍。因此，食用貝類時去除消化腺可以有效降低中毒風險。

烹飪前給貝類徹底「洗個澡」，清除附着的藻類，都是預防中毒的必要措施。

很多國家都制定了嚴格的貝類毒素限量標準，規定了完備的監管措施，頒布了一系列法律法規。在中國，農業部發布的《無公害食品水產品中有毒有害物質限量》對食品中麻痹性貝類毒素的限量做了規定，而腹瀉性貝類毒素不得檢出。

赤潮

赤潮，也稱紅潮，通常指一些海洋微藻、原生動物或細菌在水體中過度繁殖或聚集而令海水變色的現象。赤潮降低了海水透光率，增加了海水黏度；赤潮生物死亡降解消耗大量氧氣，導致海洋生物窒息而死；有毒赤潮藻類分泌的毒素還可導致其他海洋生物中毒死亡。

河豚毒素

人們食用河豚的歷史悠久。「不食河豚，焉知魚味；食了河豚，百鮮無味」便是對河豚味道的讚美。但是，河豚雖然味美誘人，吃起來卻讓人膽戰心驚，原因在於其體內含有一種劇毒的神經毒素——河豚毒素。1972 ~ 1993 年，僅日本就有 1258 人中毒，其中 279 人死亡。中國也有河豚毒素中毒事件發生，最高為 1993 年，死亡 147 人。

簡介

河豚毒素於 1909 年由日本學者田原良純首先從河豚卵巢中分離獲得。隨後，哈佛大學、名古屋大學及東京大學的科學家分別獨立完成了對河豚毒素結構的測定。河豚毒素是一種氨基全氫喹唑啉型化合物，為白色結晶，無臭無味，微溶於水，不溶於有機溶劑；在酸性條件下穩定，在鹼性條件下不穩定。河豚毒素毒力約是氰化鈉的1250倍。河豚毒素被人體吸收後迅速作用於神經系統，可高選擇性和高親和性地阻斷神經鈉離子通道，阻遏神經傳導，導致人神經麻痺而死亡。

▲ 刺豚

▲ 弓斑東方豚

主要來源

大多數研究者認為，河豚毒素並不是河豚自己「製造」的，而是由假交替單胞菌屬的細菌產生的。海水環境中，廣泛分布着這類細菌。棘皮動物、貝類等生物通過攝食，攝入此類細菌並與之共生。這類細菌和生物又可被河豚攝食，使得河豚毒素在其體內蓄積。也就是說，河豚體內的毒素是食物蓄積和體內微生物共同作用的結果。

河豚毒素在河豚體內的含量會因種類、個體大小、性別、季節、地理環境和臟器而異。河豚在生殖季節毒性更強，且雌性大於雄性。卵巢、肝臟、血中毒素含量高，其次為腸、腎、眼、鰓。大多數種類河豚的肌肉中通常不含有河豚毒素，但河豚死後內臟中的毒素可滲入肌肉。

河豚毒素在軟體動物、節肢動物、毛顎類等體內也廣泛存在。1964 年，科學家首次在蠑螈體內發現河豚毒素，其他如雲斑裸頰蝦虎魚、花紋愛潔蟹、多棘槭海星、圓尾鱟等動物體內均有河豚毒素檢出。

主要危害

河豚毒素毒理作用是阻遏神經傳導。河豚毒素被人體吸收後，能迅速作用於神經系統，繼而麻痹隨意肌的運動神經；嚴重時會毒及迷走神經、血管運動神經和呼吸神經中樞，影響呼吸，導致體溫和血壓下降，甚至死亡。由於河豚毒素不能越過血腦屏障，因此中毒者神志清醒卻痛苦無助。

預防與監管

河豚毒素性質穩定，鹽醃、日曬及一般烹調手段均不能使其破壞，且目前尚無有效的解毒藥物。一些國家和地區設置了極其嚴格的資格認證考試，以保證河豚加工後食用的安全。

▲ 河豚刺身——鶴盛

在瞭解了河豚毒素的來源後，我們便可以通過精細的人工養殖技術控制河豚毒素的累積。通過嚴格的水源控制和飼料管控，可以有效控制養殖河豚體內毒素的含量，使人工養殖的河豚低毒甚至基本無毒。

2016 年 9 月，中國有條件地放開養殖紅鰭東方豚和養殖暗紋東方豚兩個品種的加工經營。養殖河豚加工企業應當具有經備案的河豚魚源基地，具有河豚加工設備和具備專業分辨河豚品種的能力、熟練掌握河豚安全加工技術的技術人員，還要建立完善的產品質量安全全程可追溯制度和衛生管理制度。中國規定，河豚產品的河豚毒素含量不得超過 2.2 毫克 / 千克。另外，中國禁止經營養殖河豚活魚和未經加工的河豚整魚，也就是說生鮮河豚不能直接進入消費者手中，同時禁止加工經營所有品種的野生河豚。

河豚毒素的應用

河豚毒素在臨床上有着重要的應用價值。河豚毒素具有鎮痛的作用。河豚毒素可用於局部麻醉，其效果比一般的局部麻醉藥要強上萬倍。含河豚毒素的注射劑可代替嗎啡等，用於治療神經痛，也可用於治療關節痛、肌肉痛、麻瘋痛以及因創傷、燒傷引起的疼痛。河豚毒素還可用作瘙癢鎮靜劑和呼吸鎮靜劑，治療皮膚瘙癢症、疥癬、皮炎、氣喘和百日咳等症。河豚毒素也可作為解痙劑，對破傷風痙攣的解痙效果尤為顯著。此外，河豚毒素還有降血壓功效。

雪卡毒素

石斑魚，營養豐富，味道鮮美，在中國港澳地區極受推崇。然而人們在享受美味的同時卻不得不提防一種致命毒素——雪卡毒素。20 世紀 80 年代至今，世界範圍內每年發生的雪卡毒素中毒者超過 2.5 萬人。雪卡毒素中毒事件主要發生在太平洋和印度洋的熱帶和亞熱帶沿岸區域，以及加勒比海的熱帶沿岸區域。世界上有 400 多種珊瑚礁魚可能攜帶雪卡毒素，而且有證據表明由於魚類的洄游習性和魚類產品貿易的不斷擴大，雪卡毒素影響區域呈現擴大化趨勢。

簡介

雪卡毒素，又名西加毒素，最早是在 20 世紀 60 年代由夏威夷大學 Scheuer 教授從一種海鱔肝臟中提取得到的。雪卡毒素屬神經毒素，其毒性比河豚毒素強 100 倍。它無色無味，脂溶性，耐熱，不易被胃酸破壞，易被氧化。雪卡毒素沿「底棲微藻——草食性魚——肉食性魚——人」的食物鏈傳遞。在傳遞過程中，毒素結構不斷變化，毒性逐漸加強。人進食染毒魚後就會中毒。

▲ 石斑魚

主要來源

雪卡毒素主要由岡比亞藻屬的小型底棲甲藻產生。岡比亞藻是單細胞藻，分布於溫帶到熱帶海域，附着於大型藻類或珊瑚礁表面。雪卡毒素被珊瑚礁魚類攝入後，即可在魚體內積累，主要存在於珊瑚礁魚類的內臟和肌肉中，尤以內臟中含量為高。

珊瑚礁魚類被認為是雪卡毒素的主要載體，已有超過 400 種珊瑚礁魚被認為攜帶雪卡毒素，特別是捕食草食性魚類的肉食性魚類，如石斑魚、海鰻、金槍魚（吞拿魚）等。雪卡毒素對魚類自身沒有危險，但是人類在食用了攜帶該毒素的魚類後會導致嚴重後果；因此食用上述魚類時需要格外注意。

危害

雪卡毒素可引起人體消化系統、神經系統、循環系統和呼吸系統出現異常反應。消化系統症狀主要表現為噁心、嘔吐、腹瀉和腹痛。神經系統症狀包括手指和腳趾麻木、局部皮膚瘙癢和出汗，還可能出現溫度感覺倒錯（即觸摸到涼物體感覺熱，觸摸到熱物體感覺涼）。循環系統和呼吸系統症狀包括血壓過低、心臟搏動異常、呼吸困難等。雪卡毒素中毒還會導致幻覺症狀，即身體缺乏協調性、產生幻覺、精神消沉、多噩夢等。

大多數雪卡毒素中毒者病程 2 ～ 3 周，均可康復；中毒急性死亡病例源於血液循環被破壞或呼吸衰竭。

預防與控制

雪卡毒素不會引起魚本身出現病徵。人們無法從魚的外形、味道等方面來辨識含有雪卡毒素的魚。目前對雪卡毒素尚沒有可靠的檢測手段，而且雪卡毒素不能通過加熱、冷藏及曬乾等方法清除，也沒有雪卡毒素的特效解毒藥。降低雪卡毒素中毒風險應注意以下幾點：

- 儘量選擇較小的珊瑚礁魚。因為體積較大的珊瑚礁魚可能積聚更多的雪卡毒素，而中毒是攝入了一定量的雪卡毒素後才會導致的結果。
- 儘量選擇沒有雪卡毒素風險的魚類，如有特殊嗜好，建議每次食用有風險的魚類不超過 50 克。
- 不要進食珊瑚礁魚的頭、肝臟、生殖腺、腸等含毒素較多的部位。

問答篇

透過問與答，讓大家知道如何挑選，食用到新鮮、安全的海鮮！

海鮮的哪些部位不能吃？

食用魚類時應避免食用內臟，尤其是肝臟等。魚類的內臟中易聚集毒素、重金屬等，食用後易引起中毒。此外，魚腹部的黑膜也應去除。

食用螃蟹時應避免食用鰓、胃、腸和心。鰓是螃蟹的呼吸器官，過濾水體，容易吸附有害物質；胃和腸中有螃蟹的消化產物，不宜食用。

食用海蝦時應避免食用蝦頭和蝦線。蝦的內臟位於頭部，容易聚集毒素和重金屬等；蝦線即蝦腸，裏面有蝦的消化產物，不宜食用。

食用扇貝和鮑魚時應避免食用內臟，內臟的重金屬含量較其他部位高，也較容易聚集貝類毒素；此外，扇貝的裙邊褶皺較多，容易藏垢，不宜生食。

食用貽貝時應避免食用中部的黑色絮狀物，這些絮狀物為纖維物質，起着附着固定的作用，不易被消化。

辛辣類調味品是否能殺死海鮮中的病原微生物及寄生蟲？

生食海鮮時，人們通常會選擇芥末、辣椒等調味品作為佐料，有人聲稱辛辣類調味品能殺滅病原微生物。但科學實驗證實，這類辛辣調味品只能提升口感、去除腥味，對海鮮中的病原微生物不能起到殺滅作用。醋和檸檬汁對病原菌有一定的抑制效果，對寄生蟲則作用不大。不過，醋和檸檬汁不能完全殺死病原菌。要想有效避免感染海鮮中的病原微生物，蒸熟煮透是最有效的手段。

海鮮怎樣烹調最有營養？

海鮮營養豐富，富含蛋白質、不飽和脂肪酸和諸多礦物質，深受人們的喜愛。有人喜歡生食的簡單、清爽，有人喜歡清蒸的原汁原味，有人喜歡紅燒的香醇……但是海鮮怎樣吃才更營養一直是困擾人們的問題。生食海鮮對其中的營養成分破壞最少，但又不得不考慮生食所帶來的風險。對於不明來源的海鮮，切勿生食，以防病菌、病毒和寄生蟲的感染；對於不新鮮的海鮮，切勿食用。蒸、煮的方式可以較好地呈現海鮮原有的味道，保持海鮮的營養，避免被病原微生物感染，是較為理想的烹調方式。

▲ 烤蝦

吃剩的海鮮，還可以繼續食用嗎？

吃海鮮講究食材的新鮮和味道的鮮美，海鮮宜在烹飪後儘快食用。吃剩的海鮮，再吃時不但風味變差，還容易產生不利於身體健康的有害物質。海鮮隔頓後容易滋生病原微生物，產生毒素。同畜禽肉相比，海鮮的蛋白質更容易降解，產生的三甲胺等物質，食用後可能損傷肝、腎。

「死」蟹是否可以食用？

市場上會有冰鮮的或冷凍的「死」蟹售賣，通常為海捕螃蟹如梭子蟹、雪蟹等。這種「死」蟹是在海裏捕撈後立即加冰或簡單加工，再速凍保藏運回陸地出售的，是可以食用的。但是，應避免購買死後很久才冷凍保存或低溫保存的蟹。

吃海鮮後可以喝茶嗎？

吃過美味的海鮮大餐，中國人的習慣是再來一壺香茗，美其名曰「助消化」。但是海鮮富含蛋白質，茶葉中含有較多的鞣酸。鞣酸不但不會有助於蛋白質的消化還會影響蛋白質的吸收。而且，海鮮中的鈣離子還會與鞣酸結合，對腸、胃產生刺激，甚至會引起腹痛、嘔吐。因此吃完海鮮後最好不要馬上喝茶，避免引起以上不適症狀。

多吃海鮮就會得痛風嗎？痛風患者是否可以吃海鮮？

痛風是一種新陳代謝病，人體內嘌呤類物質代謝失調，嘌呤生物合成增加，尿酸產生過多，或者尿酸排泄不良導致血中尿酸含量升高，尿酸鹽結晶沉積，進而引起痛風發作。多數海鮮中含有豐富的嘌呤類物質，可是食用海鮮並不是造成痛風的根本原因。因而，多吃海鮮就會得痛風的說法是片面的，也是不確定的。不同種類的海鮮中嘌呤的含量有所不同。海參、海蜇、海藻等中嘌呤含量較少，痛風患者可以少量食用；新鮮的扇貝、螃蟹和龍蝦中嘌呤含量中等，在痛風緩解期可以少量食用；而魷魚、黃花魚、帶魚和干貝等嘌呤含量較高，痛風患者儘量不要吃。除海鮮外，豆芽、動物肝臟、冬菇等的嘌呤含量也較高，痛風患者也應避免食用。

如何挑選新鮮的魚？

觀察魚眼：新鮮的魚眼球飽滿突出；角膜透明清亮，有彈性。不新鮮的魚眼球塌陷或乾癟；角膜皺縮或破裂，混濁；有時眼內溢血發紅。

觀察魚鰓：新鮮的魚鰓清晰，呈鮮紅色。不新鮮的魚鰓變暗或發白，有污穢、帶腥臭的黏液。

檢查體表：新鮮的魚鱗片有光澤且與魚體緊密帖服，不易脫落。不新鮮的魚鱗片無光澤且易脫落。

檢查肌肉：新鮮的魚肌肉緊致且富有彈性，指壓後凹陷立即消失。不新鮮的魚肌肉鬆散，指壓後凹陷消失慢，甚至不能恢復或用手指即可將魚肉刺穿。

聞氣味：新鮮海魚有鹹腥味，無異臭味。不新鮮的魚有腐敗氣味。

如何挑選凍魚？

看體表：優質凍魚體完整無缺，體表清潔，色澤如鮮魚般鮮亮，肛門緊縮。質量差的凍魚體常有殘缺；體表暗淡，無光澤；肛門突出。

看魚眼：質量好的凍魚，眼球飽滿突出；角膜透亮、潔淨。質量差的凍魚，眼球不突出甚至凹陷，角膜混濁。

檢查肌肉：質量好的凍魚，肉質結實不離骨。質量差的凍魚，肉質鬆散，有離刺現象。

如何挑選對蝦？

買對蝦的時候，要挑選體表潔淨、蝦體完整、頭部和身體連接緊密、肌肉緊實且有彈性的個體。肉質疏鬆、顏色泛紅、聞之有腥臭味的，則是不夠新鮮的蝦。

如何挑選蜆和蠔？

新鮮的蜆（蛤蜊），平時微張口，受驚時貝殼迅速閉合，斧足和觸管伸縮靈活。新鮮的蠔（牡蠣），肉飽滿，呈淡灰色或乳白色；體液澄清，有牡蠣特有的氣味。

如何挑選梭子蟹？

海蟹的品種很多，其中市場上較為常見的是梭子蟹。梭子蟹挑選要點如下。

辨雌雄：雄蟹腹面臍部呈三角形；雌的呈半圓形。

看背部：新鮮的梭子蟹蟹殼堅硬，有光澤，紋理清晰。

看活力：將梭子蟹腹部朝上放置，能迅速翻身的較為健康；不能翻身的生命力不強。

看腹部：用拇指按壓腹部，觸感硬的較為肥滿。

看蟹足：健壯的梭子蟹蟹足和軀體緊密連接，提起蟹體時蟹足不鬆弛下垂。

掂重量：個頭相同的，較重的更肥滿。

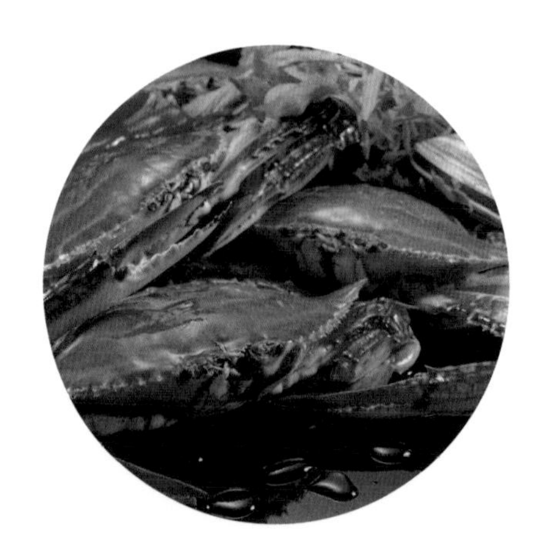

如何挑選和保存乾製海產品？

乾製海產品貯藏一段時間後，體內脂肪氧化，顏色發黃或變為褐色，微臭，具有苦澀味。有些乾製海產品放置過久，會出現肉質發紅、風味改變的現象，被稱之為「赤變」。赤變通常發生在含鹽量高的乾製海產品中，這是由於產生紅色素的耐鹽細菌大量繁殖引起的。

在乾製海產品貯藏期間，脂肪含量高的產品，應放在陰涼通風、溫度較低且乾燥處，其中多脂的醃製品，最好帶滷保存。如果發生赤變，程度輕微時，應在陽光下翻曬，然後放置在陰涼乾燥處保存。

如何保存蝦米？

最好在天氣晴好的日子裏，將蝦米攤開、曬乾後，裝入密封的瓶內或袋子裏，保存於乾燥的地方或在冰箱中冷凍保存。

瀨尿蝦剝殼有甚麼技巧？

瀨尿蝦（蝦蛄）身上的刺多，一不小心就會付出「血的代價」。其實，處理蒸熟的蝦，只要一根筷子就搞定了。將蝦腹部朝上，把筷子從尾部連接處戳入並緩緩向頭部深入。把蝦翻過來，背部朝上，一手按住筷子，另一隻手從尾部向上把殼掀開，最後擰掉頭部，即可食用。

海苔和紫菜，二者有甚麼關係？

我們常吃的紫菜主要是條斑紫菜和壇紫菜。條斑紫菜的種植區域集中在山東、遼寧、江蘇海域；而壇紫菜的種植區域主要集中在福建和浙江。市面上出售的深綠色的、薄薄脆脆的海苔，一般是用條斑紫菜加工製作而成的。

紫菜如何保存？

紫菜容易受潮變質。儲存時，最好將紫菜裝在密封乾燥的容器內，放置在清潔、陰涼、避光處或冰箱內儲存，否則色素降解。

甚麼是轉基因？轉基因的海產品有哪些？

轉基因也稱基因改造，是指利用人工手段，將從特定生物基因組中提取的目的基因或是人工合成的指定序列的 DNA 片段，轉入特定生物中，與其本身的基因組進行重組；再對重組體進行數代的人工選育，從而獲得具有穩定表現特定遺傳性狀的個體的過程。轉基因從誕生就飽受爭議，但是自然界存在「天然」轉基因過程。科學家發現羊茅（一種茅草）的一個基因是在 70 萬年以前從甜茅（另一種茅草）轉移過來的。那麼，這個基因是怎樣轉移的呢？最合理的解釋是：該基因可能是藉助細菌、病毒的侵染，或者昆蟲口器的刺吸來實現轉移的。這一過程同人為轉基因的過程類似。

目前，世界上唯一的轉基因海產品是 2015 年 11 月 19 日，由美國食物藥品管理局批准水恩公司上市的轉基因三文魚。大鱗大麻哈魚（也稱奇努克三文魚）體內的生長激素基因和美洲綿鳚的生長激素調節相關基因被轉入大西洋鮭體內，使大西洋鮭生長速度加快。轉基因三文魚僅需 18 個月便能長成，而常規三文魚需要至少 3 年。2016 年 5 月 19 日，加拿大衛生部與加拿大食品檢驗局批准了該轉基因三文魚可在加拿大市場銷售。中國尚未批准該品種在國內市場銷售。

術語篇

認識專業術語，讓大家更瞭解海鮮的營養價值。

碳水化合物：大多數醣類化合物由碳、氫、氧三種元素組成。過去人們認為其中氫原子和氧原子的比例為 2：1，跟水分子中的比例相同，因此誤認為該類物質是碳水化合物。但是後來發現一些醣類，如鼠李醣和脫氧核醣等，其分子中氫和氧的比例並非 2：1，而一些非醣類物質如甲醛，乙酸等，它們分子中氫和氧的比例為 2：1，所以現在看來「碳水化合物」這一稱呼並不科學。但由於此名稱沿用已久，仍廣泛使用。

氨基酸：蛋白質由氨基酸組成，氨基酸決定了蛋白質的化學性質。

單不飽和脂肪酸和多不飽和脂肪酸：單不飽和脂肪酸是指含有 1 個雙鍵的脂肪酸，主要包括油酸、棕櫚油酸、蓖麻油酸、肉豆蔻油酸等種類，有着調節血糖、降低膽固醇的作用。多不飽和脂肪酸指含有兩個或兩個以上雙鍵的直鏈脂肪酸，主要包括亞油酸、亞麻酸、DHA 和 EPA 等。DHA 即二十二碳六烯酸，俗稱腦黃金，具有改善大腦功能、保健視力的功效。EPA 即二十碳五烯酸，具有調節血脂、軟化血管、預防動脈硬化等的功效。

葉酸：即維他命 B_9；最初從菠菜中提取純化而來，故名。葉酸在人體中有着參與核酸合成、促進人體對糖分和氨基酸的利用、保障人體神經系統發育等重要作用。天然葉酸廣泛存在於各種動植物食品中，酵母、肝臟及綠葉蔬菜中含量比較多。

視黃醇：即維他命 A，可以從動物性食品中吸收或以植物來源的 β– 胡蘿蔔素為原料合成。維他命 A 是構成視覺細胞內感光物質的成分。缺乏維他命 A 會導致視紫紅質合成受阻，使得視網膜對弱光的感受能力下降，在暗處不能辨別物體，嚴重時可引起夜盲症。

硫胺素：硫胺素即維他命 B_1，又被稱為抗腳氣病維他命或抗神經炎因子。其以輔酶的形式參與糖的分解代謝。當維他命 B_1 缺乏時，糖代謝受阻，丙酮酸積累，血、尿和腦組織中丙酮酸含量上升，出現多發性神經炎、皮膚麻木、心力衰竭、四肢無力、肌肉萎縮及下肢浮腫等症狀，臨床上稱為腳氣病。

核黃素：核黃素即維他命 B_2。缺乏維他命 B_2 可導致口角炎、舌炎、唇炎、陰囊皮炎、眼瞼炎、角膜血管增生等症狀。

菸酸：即維他命 B_3，又稱為尼克酸；與煙醯胺合稱為維他命 PP，又稱為癩皮病維他命。維他命 PP 廣泛存在於自然界，以酵母、花生、穀類、豆類、肉類和動物肝中含量高。在體內色氨酸能轉化為維他命 PP。

革蘭氏陽性菌和革蘭氏陰性菌：由丹麥醫師 Gram 於 1884 年創立的革蘭氏染色法是進行細菌鑒定的常用方法。染色後的細菌與環境對比鮮明，形態更易於觀察。革蘭氏陽性菌細胞壁較厚、肽聚醣層次較多且交聯緻密，經染色後呈現紫色。革蘭氏陰性菌細胞壁薄、外膜層類脂含量高、肽聚醣層薄且交聯度差，經染色後呈現紅色。

血清型：細菌表面有多醣、脂、多肽、蛋白質或上述幾種複合物，被稱為菌體表面抗原。這些抗原與其特異性抗體結合，可發生血清凝聚反應。細菌和病毒可根據其表面抗原的不同劃歸不同的血清型，如致病性大腸桿菌 O157、H7N9 型禽流感都是根據血清型進行區分的。

鈉離子通道：是由細胞膜上的內在膜蛋白構成的、可以讓鈉離子進入細胞的通道。鈉離子通道是許多神經類毒素和局部麻醉劑的直接作用靶點。人體的鈉離子通道如有異常，會導致一系列與肌肉、神經和心血管相關的疾病，如癲癇、心律失常等。

正鏈 RNA：大部分 RNA 病毒的基因組是單鏈的，這類病毒複製通常以基因組 RNA 為模板合成一條與之互補的 RNA 單鏈。病毒原有的、起模板作用的 RNA 被稱為正鏈 RNA。

細菌的芽孢：有些細菌（多為桿菌）在一定條件下，細胞質可高度濃縮脫水，形成抗逆性很強的球形或橢球形的休眠體，稱為芽孢，又稱「內生孢子」。1 個細菌細胞只形成 1 個芽孢。芽孢可位於細胞一端，也可處於細胞中部。

自限性疾病：某些疾病在發展到一定程度後能自動停止。病人只需對症治療或不治療，靠自身免疫系統就能逐漸痊癒，這類疾病被稱為「自限性疾病」，如水痘、傷風感冒等。

海鮮食用全指南

從海鮮挑選、烹調、食用安全至營養，一一為你說明

主編
周德慶、劉楠

責任編輯
譚麗琴

美術設計
吳廣德

排版
劉葉青　辛紅梅

出版者
萬里機構出版有限公司
香港鰂魚涌英皇道1065號東達中心1305室
電話：2564 7511
傳真：2565 5539
電郵：info@wanlibk.com
網址：http://www.wanlibk.com
http://www.facebook.com/wanlibk

發行者
香港聯合書刊物流有限公司
香港新界大埔汀麗路36號
中華商務印刷大廈3字樓
電話：（852）2150 2100
傳真：（852）2407 3062
電郵：info@suplogistics.com.hk

承印者
美雅印刷製本有限公司

出版日期
二零一九年十二月第一次印刷

ISBN 978-962-14-7146-8